高等学校大学计算机课程系列教材

# C程序设计

## 实践指导 微课版

黄云 编著

U0368604

清华大学出版社
北京

## 内 容 简 介

本书分为 9 章,涵盖了 C 语言基本语法、顺序结构、选择结构、循环结构、数组、函数、指针、结构体和文件操作等内容。每章包括知识简介、范例讲解、注意事项及实践任务等内容。范例讲解和实践任务涵盖阅读程序、补充程序、程序调试和编写程序四类问题。本书通过理论与实践相结合的教学方式,旨在帮助读者系统掌握 C 语言编程的基础知识和技能,为读者打下坚实的编程基础,使读者能够在未来的学习和工作中更加游刃有余地应用 C 语言进行程序设计。

本书可以作为高等学校学生学习 C 程序设计对应课程的配套用书,也可以作为程序设计爱好者的自学用书。

**图书在版编目(CIP)数据**

C 程序设计实践指导:微课版/黄云编著. -- 北京:清华大学出版社,2025.2.
(高等学校大学计算机课程系列教材). -- ISBN 978-7-302-68262-2

Ⅰ. TP312.8

中国国家版本馆 CIP 数据核字第 2025D3X563 号

责任编辑:苏东方
封面设计:刘　键
责任校对:韩天竹
责任印制:杨　艳

出版发行:清华大学出版社
　　　　网　　址:https://www.tup.com.cn,https://www.wqxuetang.com
　　　　地　　址:北京清华大学学研大厦 A 座　　　　邮　　编:100084
　　　　社 总 机:010-83470000　　　　　　　　　　邮　　购:010-62786544
　　　　投稿与读者服务:010-62776969,c-service@tup.tsinghua.edu.cn
　　　　质量反馈:010-62772015,zhiliang@tup.tsinghua.edu.cn
　　　　课件下载:https://www.tup.com.cn,010-83470236
印 装 者:涿州汇美亿浓印刷有限公司
经　　销:全国新华书店
开　　本:185mm×260mm　　　印　　张:12.5　　　字　　数:315 千字
版　　次:2025 年 4 月第 1 版　　　　　　　　印　　次:2025 年 4 月第 1 次印刷
定　　价:39.00 元

产品编号:102212-01

# 前　言

本书是一本旨在帮助读者系统提升 C 语言编程实践能力的教材。在掌握 C 语言语法规则的基础上,需要通过反复的实践训练,才能有效提高基础知识的综合运用能力和程序设计技能。本书通过实例指导和实践训练,循序渐进地引导读者提升 C 语言的实际编程水平,从浅显到深入,层层递进。

本书共 9 章。第 1 章指导读者安装并熟悉 Code∷Blocks 集成开发环境,能创建、编辑、调试、运行 C 程序。第 2～4 章训练读者三种程序基本结构的编写能力,一方面强调对 C 语法基础的深入理解,能读懂程序,完成对已有程序的分析,另一方面可利用流程控制语句,实现对简单现实问题的编程。第 5 章为数组编程,训练读者对同类数据对象的批量定义和管理能力。第 6 章为函数编程实践,训练读者模块化设计的思想。第 7 章通过指针应用实践,加深读者对内存地址的理解,实现对数组元素及主调函数中数据的操纵。第 8 章通过结构体编程实践,培养读者管理数据对象多维属性的能力。第 9 章为文件编程实践,培养读者持久化管理程序运行中的各种数据的意识。

本书的特色体现在以下 3 方面。

(1) 注重程序读写能力渐进提升。在范例讲解和实践任务中,本书涵盖阅读程序、补充程序、程序调试和编写程序四类问题,让读者首先能读懂已有程序,正确分析程序运行过程和处理结果;在此基础上能剖析程序,发现程序中存在的错误;最后能根据需要设计程序。

(2) 促进知识运用实践能力提升。一方面,本书包含了大量的真实案例,训练读者解决实际问题的能力;另一方面,本书在部分问题中列举了多种解决方案,让读者对比分析各种方案的不同,需要读者综合运用所学知识,发现算法中的异同。

(3) 强调读者综合素养全面提升。本书在实例中穿插语法知识的讲解,促进对理论知识的理解;在实践中引入真实案例,强调读者解决真实问题能力的训练;在应用中穿插课程思政元素,旨在培养读者的奉献精神、工匠精神和爱国情操。

本书的实践任务中,部分任务难度较大,已加符号"＊"作为标注,如任务 1＊,读者可酌情完成。

在本书的编写过程中得到了单位同事及学生的大力帮助,也凝结了出版社多位编辑的辛勤汗水,另外,多位同行对本书的撰写和修改提供了指导意见,编者对此表示诚挚的谢意。

因时间和水平有限,书中难免存在不足之处,请读者朋友多多批评指正。

编　者

2025 年 1 月

# 目　　录

# 第1章 初识C程序

学习任何一门编程语言都需要选择一种针对该语言的开发工具。开发工具的核心任务之一就是把按照该语言语法编写的代码(称为源文件)转变成计算机能够识别、执行的指令(称为机器指令)。本书采用开源工具 Code::Blocks 作为 C 语言程序开发环境,本章通过阅读分析程序、补充程序、调试程序及编写程序的范例讲解与实践任务训练,帮助读者熟悉 Code::Blocks 集成开发环境以及利用 Code::Blocks 开发 C 程序的过程与方法,并使读者逐步了解 C 程序基本语法。

## 1.1 知 识 简 介

### 1.1.1 C 语言的发展历程及特点

**1. 发展历程**

C 语言是一种通用的、高级的编程语言,以下是不同版本的 C 语言标准。

(1) 诞生(1972 年):C 语言由丹尼斯·里奇(Dennis Ritchie)在贝尔实验室(AT&T 贝尔实验室)开发,1972 年,丹尼斯·里奇完成了第一个 C 语言编译器。

(2) C 语言的标准化(1978 年):1978 年,美国国家标准协会(ANSI)发布了第一个 C 语言标准"K&R C",它以丹尼斯·里奇和布莱恩·柯林汉(Brian Kernighan)的名字命名,这个标准定义了 C 语言的基本特性和语法。

(3) ANSI C 标准(1989 年):1989 年,ANSI 发布了 ANSI C 标准,这个标准也称为 C89,它进一步定义了 C 语言的特性,包括标准库函数和头文件。

(4) C99 标准(1999 年):1999 年,ISO(国际标准化组织)发布了 C99 标准,该标准引入了一些新的特性,如可变长度数组、复杂数支持、内联函数等。

(5) C11 标准(2011 年):2011 年,ISO 发布了 C11 标准,该标准引入了多线程支持、泛型宏、_Atomic 关键字等新特性,改进了 C 语言的性能和可读性。

目前,许多 C 语言编译器均支持 C99 标准,部分扩展了 C11 标准的功能。C 语言标准也在不断扩展与完善中。

**2. C 语言特点**

C 语言一直是编程世界中的重要语言之一,其因高性能、跨平台性和灵活性而备受青睐。

(1) 简洁紧凑,灵活方便。C 语言只有 32 个关键字和 9 种控制语句,程序书写自由,主要用小写字母表示。它结合了高级语言的基本结构和语句与低级语言的实用性,可以像汇编语言一样对位、字节和地址进行操作。

(2) 运算符丰富。C 语言的运算符包含的范围很广泛,C99 标准共有 37 个运算符(见附录2)。C 语言把括号、赋值、强制类型转换等都作为运算符处理。

（3）数据结构丰富。C 语言的数据类型有整型、实型、字符型、数组类型、指针类型、结构体类型、共用体类型等。

（4）结构化、模块化的编程语言。C 语言使用顺序、分支和循环 3 种基本结构组成。结构式语言的显著特点是代码及数据的分隔化，即程序的各个部分除了必要的信息交流外彼此独立。

（5）直接内存访问。C 语言允许程序员直接访问内存，这使得它适用于系统编程和硬件控制。

（6）高度可移植性。由于 C 语言的标准性和底层特性，C 程序可以在不同的操作系统和硬件上编译和运行，只需稍作修改。

## 1.1.2　C 语言程序的结构

### 1. 源程序文件的组成

C 程序可以由一个或多个源程序文件组成，每个源文件可包括以下三部分。

（1）预处理（preprocessing）：预处理器指令以♯符号开头，用于包含头文件、宏定义、条件编译等，预处理器会在编译之前处理这些指令，生成一个修改后的源代码文件供编译器使用。

（2）全局声明（global declarations）：在源文件的函数之外，可进行全局变量和函数的声明，全局变量和函数在整个文件中都可见，可被不同的函数使用。

（3）函数定义（function definitions）：函数定义包括函数的首部和函数体。

### 2. 函数是 C 程序的主要组成部分

C 程序由一个或多个函数组成，函数用于执行特定的任务或操作，函数可将大问题分解为小问题，有利于实现程序的模块化，提高代码的可维护性和重用性。

### 3. 唯一的 main() 函数

C 程序中只能有一个 main() 函数，它是程序的入口点，程序从 main() 函数开始执行，其他函数被 main() 函数直接或间接调用，构成程序的执行流程。

### 4. 函数的两部分

一个函数包括两部分：

（1）函数首部（function header）：包括函数名、参数列表和返回类型的声明，函数首部定义了函数的接口，指定了函数的名称和如何调用它。

（2）函数体（function body）：包括实际的代码逻辑，包括局部变量的声明和执行部分，函数体是函数的实际实现，定义了函数的行为。

### 5. 通过函数执行部分的语句完成操作

函数的执行部分包含了实际的代码语句，这些语句用于完成函数的任务，通过逻辑和控制语句（如条件语句、循环语句等），可以实现复杂的操作和算法。

### 6. 分号作为语句分隔符

在 C 语言中，语句通常以分号（;）结尾，用于表示一行语句的结束。这有助于编译器区分不同的语句，并确保代码的正确性。

## 1.1.3　运行 C 程序的步骤

1. 编写 C 程序：可使用文本编辑器或集成开发环境（IDE）来创建和编辑 C 源文件，确保代码符合 C 语言的语法规则。

2. 保存源文件：通常以.c 为文件扩展名，例如 my_program.c。

3. 编译源代码：将 C 源代码编译成机器可执行代码。其通常包括以下步骤。

（1）预处理：处理所有以♯符号开头的预处理器指令，例如♯include、♯define 等，这些指令会被展开并生成一个修改后的中间文件。

（2）编译：编译器将中间文件翻译成汇编语言代码。

（3）汇编：汇编器将汇编语言代码翻译成机器码，生成目标文件（通常是.o 或.obj 文件）。

4. 链接目标文件：如果程序包含多个源文件或依赖于外部库，编译器需要将所有目标文件和库文件链接生成最终的可执行文件。该过程由链接器完成。

5. 生成可执行文件：链接成功后，将生成一个可执行文件。

6. 运行程序：最后，可以运行已生成的可执行文件。

需要注意的是，不同的操作系统和编译器可能有不同的工具和命令，但上述步骤的基本原理在大多数情况下都是相似的。此外，一些集成开发环境可以自动执行这些步骤，简化了程序的构建和运行过程。

## 1.2　实践目的

（1）熟悉 Code∶∶Blocks 集成开发环境，能创建、编辑、调试、运行 C 程序。

（2）通过阅读、分析、编写、运行简单的 C 程序，对 C 程序基本结构和基础语法有初步认识。

## 1.3　实践范例

【范例 1】　安装 Code∶∶Blocks

下面介绍 Windows 10 操作系统下安装带编译器版本的 Code∶∶Blocks 集成开发环境过程。

1. 进入 Code∶∶Blocks 官网，单击导航栏上的 Downloads 页签（图 1-1）。

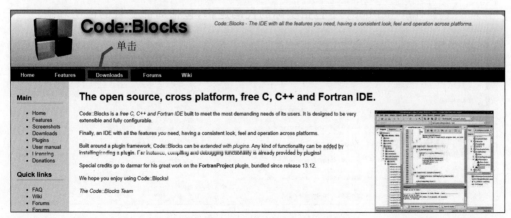

图 1-1　Code∶∶Blocks 官网下载指示图

2. 单击 Download the binary release(见图 1-2)链接进入下载界面,选择 Windows 平台的安装包 codeblocks-20.03mingw-setup.exe,选择从 FossHUB(如图 1-3 所示)进行安装。

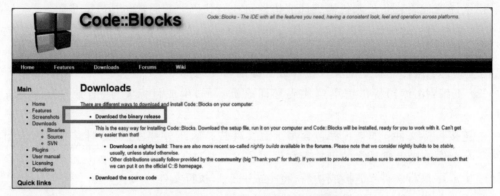

图 1-2　Code∶∶Blocks 下载内容选择页面

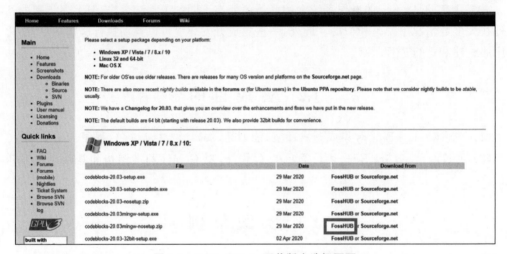

图 1-3　Code∶∶Blocks 下载版本选择页面

3. 读者也可直接进入 https∶//www.fosshub.com/Code-Blocks.html?dwl＝codeblocks-20.03mingw-setup.exe 进行下载(见图 1-4)。

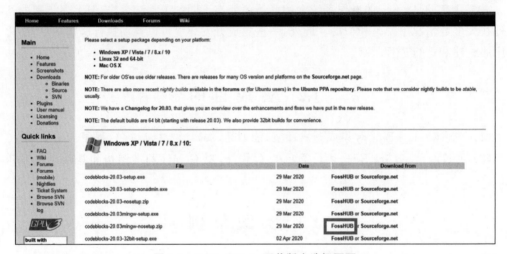

图 1-4　Code∶∶Blocks 下载页面

4. 下载后双击安装包即可安装，安装时可选择需要安装的组件（见图 1-5），设置 Code∷Blocks 安装的位置（见图 1-6）。

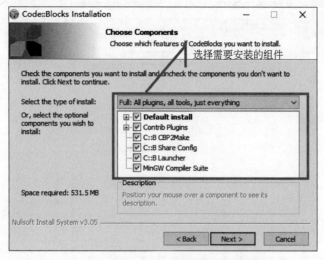

图 1-5　Code∷Blocks 安装组件选择界面

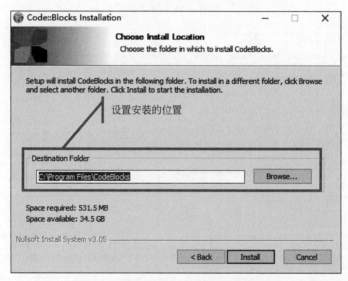

图 1-6　Code∷Blocks 安装路径设置界面

5. 上述安装中已经选择安装 MinGw 编译器，系统自动设置好相应的编译器环境。若需设置编译器，打开 Code∷Blocks，在 Settings->Compiler and debugger settings->选择 GNU GCC Compiler，并在 Toolchain executables 中设置好对应执行软件路径，见图 1-7。

【范例 2】　C 程序的编辑与运行

在安装好 Code∷Blocks 集成开发环境后，可以先创建一个 C 程序源文件，然后再编写相应的代码。

1. 打开 Code∷Blocks 软件，单击 File 菜单，选择 New 条目，然后选择"File…"选项（即图 1-8 中的方式一）；或直接单击左上方的第一个快捷按钮后再进行类似方式一的操作（见图 1-8 中的方式二）。

图 1-7　编译工具选择及路径设置

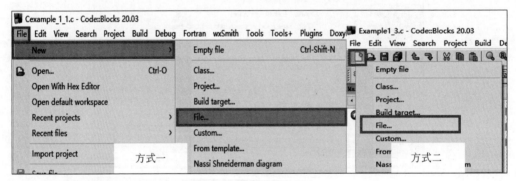

图 1-8　选择创建新的文件

（方式一利用菜单栏创建新的 C 源程序，方式二利用快捷菜单创建 C 源程序）

2. 打开从模板新建文件（New from template）之后，选择 C/C++ 源文件，具体操作还可见图 1-9 中的操作提示。

3. 图 1-9 中单击 Go 按钮后，可选择新建的 C 程序存放的位置，并在弹出对话框中输入新建的 C 文件名，见图 1-10。

4. 创建了新的 C 源程序文件之后，可在编辑区输入代码，如图 1-11 所示。

5. 源代码编写完成后，可单击 Build 菜单栏，然后可单击生成并运行（Build and run）条目来查看程序运行结果，也可直接单击快捷按钮 ，或直接按键盘上的 F9 键查看运行结果。选择方法如图 1-12 所示，运行结果如图 1-13 所示。

编辑完成的代码在生成运行后会自动保存，读者也可直接单击快捷按钮 或按 Ctrl＋S 组合键保存源文件，保存的源程序文件类型为 C 文件（后缀名为.c 或.C），编译后会生成同名的目标文件（后缀名为.o），将目标文件链接后得到可执行文件（.exe 文件），生成的可执行文件可以直接运行得出结果。

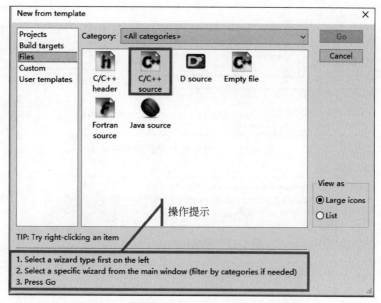

**图 1-9　选择 C/C++ 源文件（source 文件）**

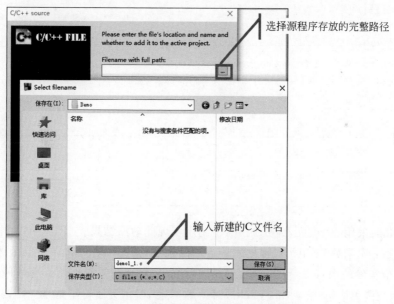

**图 1-10　选择存放路径并输入 C 文件名**

```
firstProg.c ×
1  #include<stdio.h>                                    //编译预处理指令
2  int main()                                           //主函数
3  {                                                    //函数起始标志
4      printf("Welcome to Study C-Program Design!");    //输出指定的内容
5      return 0;                                        //函数结束后返回函数值0
6  }                                                    //函数结束标志
```

**图 1-11　在编辑区输入代码**

【**范例 3**】　阅读程序分析结果

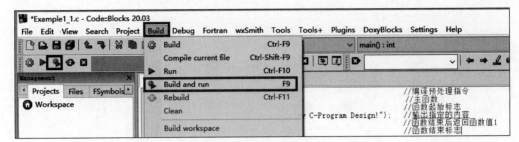

图 1-12　生成并运行可执行程序

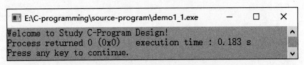

图 1-13　示例程序运行结果

　　要求：编辑下面源程序，分析运行程序结果，然后运行程序，将执行结果与分析结果相对比，完成填空和思考题。

```
1  #include<stdio.h>
2  int main()
3  {
4      printf("-------------------\n");
5      printf("    I Love Programming!\n");
6      printf("-------------------\n");
7      return 0;
8  }
```

| 分析结果 | |
|---|---|
| 运行结果 | |

　　思考：如何采用一个输出函数 printf() 调用实现此输出结果。

　　**范例分析**：库函数 printf()（常见库函数见附录 D）是初学者经常调用的函数之一，能将函数中第一个实参的内容显示到屏幕，起到提示用户、展示结果等作用。上述代码中包含三条 printf() 函数调用语句（第 4～6 行），均只有一个实参，其值为字符串常量。函数调用的结果是将字符串常量显示到屏幕，其中'\n'为转义字符，表示换行，接下来的内容在下一行显示。

　　**处理结果**：按照以上分析，可进行如下作答。

| 分析结果 | 三次调用 printf() 函数，将分别输出各 printf() 函数调用语句中实参中的内容，即三个双引号中的内容，由于'\n'为换行符，因此内容会分三行呈现 |
|---|---|
| 运行结果 | E:\C-programming\source-program\exa1-1.exe — □ ×<br>------------------<br>　　I Love Programming! |

若只用一条 printf() 函数调用语句,可考虑如下方式输出。

```
printf("-------------\n    I Love Programming!\n------------------\n ");
```

【**范例 4**】 补充程序

已知摄氏温度转换为华氏温度的公式为 $F = C * 9/5 + 32$,下面的代码需实现摄氏温度为 32.5℃时,输出对应的华氏温度,请将代码补充完整。不要增行或删行、改动程序结构。

```
1  #include <stdio.h>
2  int main()
3  {
4      float tc,tf;
5      tc=32.5;
6      _____ ;
7      printf("When degrees Celsius is %.2f, degree Fahrenheit is %.2f\n",tc,tf);
8      return 0;
9  }
```

**范例分析**:程序中定义了两个单精度浮点型变量 tc 和 tf(第 4 行),tc 被赋值 32.5(第 5 行),并在后来输出 tc 和 tf 值(第 7 行)。由此可见变量 tc 表示摄氏温度,tf 表示对应的华氏温度。而在输出 tf 前,变量 tf 必须有确定的值,因此空缺的程序应该是为 tf 赋值的语句。

**运行结果**:根据上述分析,可补充填空为 tf=tc * 1.8+32。补充代码后,程序运行结果如下所示:

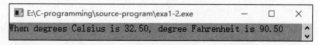

```
E:\C-programming\source-program\exa1-2.exe                  —   □   ×
When degrees Celsius is 32.50, degree Fahrenheit is 90.50
```

【**范例 5**】 调试程序

**要求**:下列代码需求解并输出 x＋y 的值,分析已给出的语句,在表格中完成程序修改说明和运行结果截图。不要增行或删行、改动程序结构。

```
1  #include <stdio.h>
2  int main()
3  {
4      int x,y;
5      x=5,y=8;
6      sum=x+y
7      printf("\n%d+%d=%d\n",x,y,sum);
8      return 0;
9  }
```

| 若有错,指出错误并修改 | 错误行号: | 应改为: |
| --- | --- | --- |
| | 错误行号: | 应改为: |
| | 错误行号: | 应改为: |
| 调试正确后的运行结果 | 输出结果: | |

**范例分析**：程序首先定义了变量 x 和 y(第 4 行)，然后为 x,y 赋值(第 5 行)，接下来求 x 与 y 的和并将其赋给变量 sum(第 6 行)，最后输出 sum(第 7 行)。C 语言要求变量必须先定义再使用，程序在为 sum 赋值之前，没有定义变量 sum，因此需要在定义 x,y 的同时定义变量 sum。此外，语句的结束部分需要有分号";"因此第 5 行也存在错误。

**处理结果**：根据分析，可填空如下。

| 若有错，指出错误并修改 | 错误行号：4 | 应改为：int x,y,sum; |
|---|---|---|
| | 错误行号：6 | 应改为：sum=x+y; |
| | 错误行号： | 应改为： |
| 调试正确后的运行结果 | 输出结果： | |

```
E:\C-programming\source-program\exa1-3.exe    —    □    ×

5+8=13
```

注：本示例也可在定义 sum 的同时为 sum 赋值，因此如下修改第 6 行即可。

```
int sum=x+y;
```

视频讲解

**【范例 6】** 编写程序

大一新生班级要选举产生班委会，有三名同学报名竞选班长。老师记录了三个同学竞选班长的得分，得分最高的同学当选班长。要求：输入三名同学的得分，输出最高得分。

**范例分析**：根据题意，由于要比较三位同学的得分，因此可定义三个变量存储得分。由于要输出最高得分，因此还可定义一个变量存储最高得分。在求解最高得分的过程中，首先需输入三个同学的得分；然后可采用 if 语句实现前两位同学得分的比较，求得较高的得分；接下来再用较高的得分和第三位同学的得分比较，求得最高得分；最后输出最高得分。

**程序代码**：

```
1    #include <stdio.h>
2    int main()
3    {
4        int st1,st2,st3,max;              //max 存最大得分
5        scanf("%d,%d,%d",&st1,&st2,&st3); //输入三名同学得分
6        if(st1>st2)                        //前两名同学得分比较,如果第一位得分高
7            max=st1;                        //max 存第一位同学得分
8        else                               //否则
9            max=st2;                        // max 存第二位同学得分
10       if(max<st3)                        //前两位的较高得分若小于第三位同学得分
11           max=st3;                        //最高得分为第三位同学得分
12       printf("The max is %d\n",max);
13       return 0;
14   }
```

**运行结果**：当输入三个同学的成绩分别是 86,96,92 时，运行如下所示。

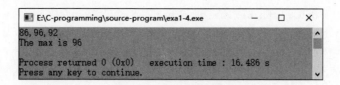

```
E:\C-programming\source-program\exa1-4.exe          —    □    ×
86,96,92
The max is 96

Process returned 0 (0x0)     execution time : 16.486 s
Press any key to continue.
```

# 1.4 注 意 事 项

(1) 变量需要先定义后使用。

(2) 语句末尾需要用分号(;)表示结束。

(3) 使用标准输入函数 scanf()时,实参变量前需要加上取地址符(&)。

(4) 程序有且只有一个 main()函数,易错点是将"main"敲成了"mian"。

(5) 注意程序书写的格式规范,保证程序具有良好的可读性。

(6) 注意在必要的位置增加适当的注释,便于他人阅读理解。

# 1.5 实 践 任 务

## 1.5.1 安装配置 Code::Blocks,初识集成开发环境

任务 1. 参照范例 1,下载相关软件,安装 Code::Blocks 集成开发环境,配置编译运行参数。

任务 2. 在 D 盘的 user 目录下新建 exp1.c 文件,输入以下代码:

```
1   #include<stdio.h>
2   int main()
3   {
4       int a,b,c;
5       a=5
6       b=10;
7       c=A+b;
8       printf("c=%d",c);
9       return 0;
10  }
```

任务 3. 编译运行上述代码,记录编译器给出的 error 信息提示,查阅资料找出每条 error 信息的含义。

## 1.5.2 阅读程序分析结果

任务 1. 编辑下面源程序,分析运行程序结果,然后按要求运行程序,将执行结果与分析结果相对比,完成填空。

```
1   #include<stdio.h>
2   int main()
3   {
```

```
4       int length,width,perimeter,area;
5       length=18;
6       width=13;
7       perimeter=2 * (length+width);
8       area=length * width;
9       printf("Perimeter is %d \nArea is %d\n",perimeter,area);
10      return 0;
11   }
```

| 分析结果 | |
| --- | --- |
| 运行结果 | |

任务 2. 编辑下面源程序,分析运行程序结果,然后按要求运行程序,将执行结果与分析结果相对比,完成填空。

```
1    #include<stdio.h>
2    int main()
3    {
4        int a,s;
5        scanf("%d",&a);
6        s=3;
7        if(a%s==0)                          // %为求余运算符, x%y 表示 x 除以 y 所得的余数
8            printf("Divisible!\n");
9        else
10           printf("Not divisible!\n");
11       return 0;
12   }
```

| | 分析结果 | |
| --- | --- | --- |
| 用户输入 17 时 | 输出结果 | |
| 用户输入 57 时 | 分析结果 | |
| | 输出结果 | |

## 1.5.3  补充程序

要求:依据题目要求,分析已给出的语句,填写空白。不要增行或删行、改动程序结构。

任务 1. 在记录汽车的速度时,往往采用"km/h"作为记数单位,但在国际标准单位制中,采用的是"m/s"。下面的代码实现了将用户输入的时速转换为国际单位制表示方式的功能。

```
1    #include <stdio.h>
2    int main( )
3    {
4        float vh,vs;
5        printf("\n Please enter the speed per hour:");
```

```
6        scanf("%f",_____);
7        vs=vh*1000/3600;
8        printf(" \n The corresponding speed is %f m/s\n",vs);
9        return 0;
10   }
```

任务2.某学校设定了主课奖,对语、数、外三科平均成绩达到90分(含90分)的同学进行奖励。下面的代码用于判定某同学成绩能否拿到主课奖。

```
1    #include <stdio.h>
2    int main()
3    {
4        int gch,gma,gen,gaver;
5        scanf("%d %d %d",&gch,&gma,&gen);
6        _____;
7        if(gaver>=90)
8            printf("Get the scholarship!\n");
9        else
10           printf("No scholarship!\n");
11       return 0;
12   }
```

## 1.5.4 调试程序

要求:按任务要求调试运行下列程序是否正确,若有错,写出错在何处,并填写正确的运行结果。不要增行或删行、改动程序结构。

任务.输入变量f的值,输出其绝对值。

```
1    #include <stdio.h>
2    int main()
3    {
4        float f;
5        scanf("%f",&f);
6        if(f>0);
7            printf("%f\n",f);
8        else;
9            printf("%f\n",-f);
10       return 0;
11   }
```

| 若有错,指出错误并修改 | 错误行号: | | 应改为: |
|---|---|---|---|
| | 错误行号: | | 应改为: |
| | 错误行号: | | 应改为: |
| 调试正确后的运行结果 | 输出结果: | | |

### 1.5.5 编写程序

任务 1. 为了生产等需要,经常将不同浓度的同类(溶质和溶剂均相同)溶液配制在一起,得到新的浓度的溶液。编程求 n 升 10% 浓度的硫酸和 m 升 20% 浓度的硫酸混合后的硫酸浓度。

任务 2. 某公司今年的生产总值为 m 亿元,预测其生产总值每年以 5% 的速度增长,请编程计算 2 年后该公司的生产总值。

# 第 2 章　顺序结构程序设计

在了解 C 程序开发的环境和步骤之后,初学者需要加强编程训练,从数据表示和流程控制两个方面逐步熟悉 C 语言的基本语法,不断掌握程序设计方法与技巧,培养计算思维。

在不使用流程控制语句和函数调用时,计算机会按代码的先后顺序依次执行整个程序,这样的程序结构相对简单,更容易让人读懂,这类结构称为顺序结构。初学者可在编写简单顺序结构程序的同时,不断了解 C 语言基本语法,逐步培养计算思维。本章将简述数据类型、常量与变量、运算符与表达式、标准输入输出等相关知识,然后通过实例讲解和编程基础训练,在不改变程序基本流程的情况下,运用输入输出函数调用、算术运算、赋值运算等操作,完成顺序结构程序设计。

## 2.1　知　识　简　介

### 2.1.1　数据类型

正如数学中会遇到整数、小数、无理数、复数等不同类型的数值一样,计算机中也需处理不同类型的数据。

数据类型是数据的重要特征,数据类型不仅确定了数据对象的性质、所占内存空间大小、存储方式和取值范围,还确定了数据对象所能进行的运算操作。C 语言提供了固有的基本数据类型,如整型(含字符类型)、浮点型等,用户既可使用基本数据类型常量,也可定义、使用各种类型的变量。同时,C 语言也提供了用户自定义复杂数据类型的机制,允许用户自己建立结构体类型(structures)和共用体类型(unions)等,并以此定义和使用结构体变量和共有体变量。此外,数组类型、函数类型和指针类型也是 C 语言中非常重要的数据类型,本书将分别在第 5 章、第 6 章和第 7 章讲解相关知识以及应用实例。

整型包括基本整型(int),短整型(short int),长整型(long int)和双长整型(long long int)等。整型数据的范围包括负数到正数,但也可以使用关键字 unsigned 定义无符号整型变量。

字符是计算机进行信息表达的最常见数据形式。在 C 语言中,将字符型(char)归为整型的一种,大多数系统采用 ASCII 处理字符信息(ASCII 代码对照表见附录 A)。

浮点型包括单精度浮点型(float)和双精度浮点型(double),用于表示有小数点的实数。由于每个数据在内存中占据的空间是有限的,因此计算机无法精确表示无限循坏小数和无理数。

本书示例、实践任务中所选用的编译环境,各基本数据类型的关键字、数据所占内存及取值范围如表 2-1 所示。

表 2-1　基本数据类型关键字、数据占内存字节数及取值范围

| 数据类型关键字 | 占内存字节数 | 取值范围 | 说　明 |
|---|---|---|---|
| short int | 2 | $-32768\sim32767$ | 短整型 |
| int | 4 | $-2147483648\sim2147483647$ | 整型 |
| long int | 4 | $-2147483648\sim2147483647$ | 长整型 |
| unsigned short int | 2 | $0\sim65535$ | 无符号短整型 |
| unsigned int | 4 | $0\sim4294967295$ | 无符号整型 |
| unsigned long int | 4 | $0\sim4294967295$ | 无符号长整型 |
| char | 1 | $-128\sim127$ | 字符型 |
| unsigned char | 1 | $0\sim255$ | 无符号字符型 |
| float | 4 | $3.4\times10^{-38}\sim3.4\times10^{38}$<br>$7\sim8$ 位有效数字 | 单精度实型 |
| double | 8 | $1.7\times10^{-308}\sim1.7\times10^{308}$<br>$15\sim16$ 位有效数字 | 双精度实型 |
| long double | 10 | $3.4\times10^{-4932}\sim1.1\times10^{4932}$<br>$19\sim20$ 位有效数字 | 长双精度实型 |

## 2.1.2　常量与变量

### 1. 常量

常量是在程序运行过程中,其值不能被改变的量。以下是常量的不同类别。

(1) 整型常量,可以是十进制、八进制或十六进制的数字。例如:

```
int a =10;          // 10 为十进制整数常量
int b =010;         // 010 为八进制整数常量,等于十进制数 8
int c =0xA;         // 0xA 为十六进制整数常量,等于十进制数 9
```

(2) 实型常量,含十进制小数形式和指数形式。

① 十进制小数形式:1.414,$-2.73$,0.0;

② 指数形式:12.34e3(代表 $12.34\times10^3$),2.5e$-4$(代表 $2.5\times10^{-4}$)。

(3) 字符常量,即由单引号括起来的单个字符,表示 ASCII 码中的一个字符。
例如:'d','0','?'。

C 语言还支持特殊的转义字符,例如'\n'表示换行符,'\t'表示制表符等。

(4) 字符串常量,即由双引号括起来的多个字符序列,如"boy"。

(5) 符号常量,可利用宏定义 #define 来定义符号常量,如:

```
#define PI 3.1416
```

也可利用关键字 const 定义常量,如:

```
const int MAXSIZE=1024;
```

**注**:使用 const 与 #define 定义符号常量的不同包括两部分。①使用 const 时需指定常量的类型;②#define 宏定义常量,预处理器阶段会直接将常量名称替换成常量值,本质是

简单原位替换过程;const 关键字定义常量,本质是定义一个变量,该变量由 const 关键字修饰,第一次赋值以后,就不允许更改,如果更改,编译出错。

**2. 变量**

在程序运行期间,变量的值是可以改变的。变量有以下几个特征:变量名、变量值、变量的数据类型、变量的地址、变量的存储类别、变量的作用域以及变量的生存期等。

(1) 变量需要先定义后使用。

(2) 变量定义的形式为:

类型说明符　<变量名>[,<变量名>,…, <变量名>]。

(3) 类型说明符指定了变量的类型,可以是任何基本数据类型,如整数(含字符)、浮点数等,也可以是自定义的结构体、枚举、共用体等复杂数据类型;可同时定义同一类型的 1 个或多个变量,多个变量名之间用逗号“,”分开。

(4) 变量名需遵循标识符的命名规则:C 语言规定标识符只能由字母、数字和下画线 3 种字符组成,且第一个字符必须为字母或下画线。

不合法的变量名示例见表 2-2。

表 2-2　不合法的变量名示例

| 不合法的变量名 | 不合法原因 |
| --- | --- |
| class-1<br>student.age<br>class_3 | 特殊字符-.以及全角数字等不能作为标识符的一部分 |
| 1class | 数字不能作为标识符的起始字符 |
| union | 关键字不能作为自定义标识符 |

(5) 变量在程序中可被多次使用,且其值可被修改。变量的值可通过赋值运算符进行修改,例如“x = 10;”就是将变量 x 的值赋为 10。同时,变量也可用于表达式中,例如“x ＋ y;”表示将 x 和 y 的值相加并返回结果。

**注**:1. 定义变量确定了变量在内存中的具体位置,可使用变量名前加取地址符(&)得到变量在内存中的位置,即变量的地址。

2. 变量的类型指定了变量所占空间大小,所能进行的运算及运算的处理方式。

### 2.1.3　运算符与表达式

程序在对数据进行处理加工的过程中,需要进行各种运算处理。C 语言为程序员提供了多种不同功能的运算符(见表 2-3),以便于实现不同类型的运算处理。运算符的优先级及结合性介绍见附录 C。

表 2-3　运算符类型及符号

| 运算符类型 | 符 号 表 示 |
| --- | --- |
| 赋值运算符 | = |
| 算术运算符 | ＋　－　*　/　%　++　－－ |

| 运算符类型 | 符 号 表 示 |
|---|---|
| 强制类型转换运算符 | （类型） |
| 关系运算符 | ＞ ＜ ＝＝ ＞＝ ＜＝ ！＝ |
| 逻辑运算符 | && ‖ ！ |
| 条件运算符 | ?: |
| 逗号运算符 | , |
| 下标运算符 | [] |
| 指针运算符 | * & |
| 成员运算符 | . -> |
| 求字节数运算符 | sizeof |
| 位运算符 | ＜＜ ＞＞ ~ ｜ ^ & |
| 其他 | 函数调用运算符()等 |

下标运算符、逗号运算符及函数调用运算符等经常也被看作为分隔符,即分隔不同元素且有明确含有的符号。由运算符、常量及变量等可构成**表达式**,包括算术表达式、关系表达式、逻辑表达式、赋值表达式等,表达式为计算式,可通过算术、逻辑、赋值等运算后返回一个值。

**赋值运算符**(＝)会把"＝"右边表达式的值复制给左边的变量,左边变量原来的值会被抹掉,然后填充为右边表达式的值。

例如,如果有整型变量 a,b,若其初始的值分别为 5 和 10,对于以下语句:

a=a+b;

首先会计算表达式 a+b 的值为 5＋10 等于 15,然后将 15 的值复制给变量 a,a 原来的值 5 被抹去,然后填充为 15。

**算术运算符**中的％为求取整数除法中的余数。算术运算符中的 * 为乘法运算符,/为除法运算符。当被除数与除数均为整数时,/运算结果为整数。

不同类型的数据可混合在一起进行算术运算,运算时会进行隐式数据转换,转换的基本原则是不丢失数据精度,不出现运算错误。

＋＋与－－为单目运算符,其作用是使变量的值加 1 或减 1,它们可以作为前缀或后缀运算符使用。前缀运算符会先对变量进行加 1 或减 1 操作,然后返回新值;后缀运算符则会返回变量的旧值,然后再进行加 1 或减 1 操作。例如:

```
int a =5;
int b =++a;          // 前缀自增,a 的值变为 6,b 的值也为 6
int c =a--;          // 后缀自减,a 的值变为 5,c 的值为 6
int d =--b;          // 前缀自减,b 的值变为 5,d 的值也为 5
int e =b++;          // 后缀自增,b 的值变为 6,e 的值为 5
```

### 2.1.4 标准输入输出

C 语言的标准输入输出函数包括 scanf()和 printf()，分别用于输入和输出数据。

**1. scanf()函数**

scanf()函数用于读取从标准输入设备（通常是键盘）输入的数据，并将读取的数据存储在变量中。该函数的语法如下：

**int scanf(const char * format, ...);**

其中，第一个参数是格式字符串,用于指定输入数据的类型和格式,后续的参数是需要读取的数据所对应的变量地址（变量地址符 &)。

scanf()函数中的格式控制符

表

| 格式控制符 | |
| --- | --- |
| %d | |
| %i | 十六进制 |
| %o | |
| %x | |
| %f | |
| %lf | |
| %c | |
| %s | |
| %p | |
| %u | |

例如：

scanf("          整数存入 age,输入浮点数存入 price
scanf("          三个整型值,分别存入 n1,n2,n3

注：输入          。例如，语句 scanf("%d,%f",&age,&price);          1.3,即用户在输入数据时也同样需输入双引号中的

**2.**

pr          设备（通常是屏幕）。语法如下：

**int printf(con**

其中，第一个参数是格式字          指定输出数据的类型和格式,后续的参数是需要输出的数据。

printf()函数中的格式控制符见表 2-5。

表 2-5　printf()函数中的格式控制符

| 格式控制符 | 说　　明 |
| --- | --- |
| %d | 输出一个十进制整数 |
| %i | 输出一个整数,可以是十进制、八进制或十六进制 |
| %o | 输出一个八进制数 |
| %x | 输出一个十六进制数 |
| %f | 输出一个浮点数 |
| %lf | 输出一个双精度浮点数 |
| %c | 输出一个字符 |
| %s | 输出一个字符串 |
| %p | 输出一个指针地址 |
| %u | 输出一个无符号十进制整数 |
| %e | 以指数形式输出一个浮点数 |
| %E | 以指数形式输出一个浮点数,使用大写字母 |
| %g | 自动选择以指数形式还是十进制形式输出浮点数 |
| %G | 自动选择以指数形式还是十进制形式输出浮点数,使用大写字母 |
| %n | 将已经输出的字符数赋值给整型变量 |
| %% | 输出一个百分号 |

例如:

```
int a=5,b=10;
printf("%d+%d=%d\n",a,b,a+b);          //输出 5+10=15
```

需要注意的是,格式控制符可以配合一些修饰符使用,以达到更精细地控制输出和输入的格式,以下是一些举例说明。

(1) %10d:表示输出一个宽度为 10 的十进制整数。

(2) %.2f:表示输出一个精度为 2 的浮点数。

(3) % * s:表示读取一个字符串,但不存储该字符串的值。

(4) %ld:表示读取一个长整型整数。

## 2.1.5　程序流程图

程序流程图是一种图形化表示计算机程序或算法执行流程的工具。它通常由各种符号和连接线组成,用于表示程序中的不同步骤、决策和数据流。美国国家标准化协会(ANSI)规定了绘制流程图常用的一些组件符号,如图 2-1 所示。

绘制程序流程图有助于程序员清晰地理解和规划程序的逻辑流程,更容易地思考和设计程序的实现方式,更快速地定位和修复错误。程序流程图是一种通用的、可视化的表示方法,可以跨越语言和技术的界限,便于不同团队成员之间的交流和协作。程序流程图可以用

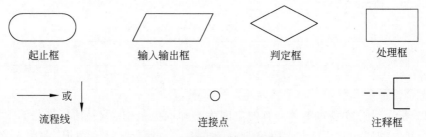

起止框　　　　　输入输出框　　　　　判定框　　　　　处理框

→ 或 ↓
流程线　　　　　　　连接点　　　　　　　　　注释框

**图 2-1　流程图常用组件符号**

作软件项目的文档,帮助记录程序的设计和逻辑,这有助于维护团队在项目开发和维护期间对代码的共同理解,并促进标准化的编程实践。

## 2.2　实践目的

(1) 熟悉不同类型数据的使用规则,能针对具体问题为操作对象选择合适的数据类型。

(2) 掌握算术运算符和赋值运算符运算规则,掌握不同类型数据混合运算的转换规则,能编程求解数值计算问题。

(3) 掌握 scanf()函数和 printf()函数的调用方法,能正确使用各种格式控制符,能编写便于人机交互的输入输出函数调用语句。

## 2.3　实践范例

【范例 1】　阅读程序分析结果

要求:编辑下面源程序,分析运行程序结果,然后运行程序,将执行结果与分析结果相对比,完成填空。

视频讲解

```
1    #include <stdio.h>
2    int main()
3    {
4        char c1,c2;
5        int c3;
6        c1='a';
7        c2=97;
8        printf("%c,%d\n",c1,c1);
9        printf("%c,%d\n",c2,c2);
10       c2=1024+97;
11       printf("%c,%d\n",c2,c2);
12       c3=1024+97;
13       printf("%c,%d\n",c3,c3);
14       c2=1024+97+128;
15       printf("%c ,%d\n",c2,c2);
16       c3=1024+97+128;
17       printf("%c ,%d\n",c3,c3);
```

```
18        return 0;
19    }
```

| 分析结果 | |
|---|---|
| 运行结果 | |

**范例分析**：不同类型的变量占有的空间大小和取值范围各不相同,该范例主要用于验证字符型、基本整型数据的存储空间和取值范围。c1、c2 为字符型数据,占用 1 字节,取值区间为[−128,127],字符与值采用 ASCII 码对应,当为字符型数据赋值大于 127 时,将截取后 8 位数据进行存储。c3 为基本整型数据,占用 4 字节,当其以"％c"格式输出时,将先截取其后 8 位数据,然后输出 ACSII 码对应的字符。占用内存及赋值过程示意图见图 2-2。

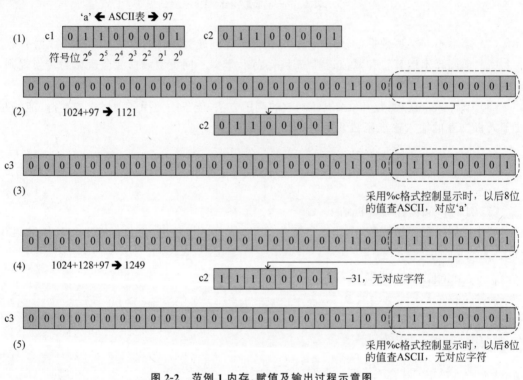

**图 2-2 范例 1 内存、赋值及输出过程示意图**

**处理结果**：按照以上分析,答题结果如下所示。

| | |
|---|---|
| 分析结果 | "c1='a'; c2＝97;"时,"％c,％d"输出的均为 a,97(第 8、9 行);当为 c2 赋值 1024＋97 时,因为 c2 仅占 1 字节,因此值为 97,输出同前(第 11 行);<br>当为 c3 赋值 1024＋97 时,其值为 1121,但以"％c"输出时,将输出其后 8 位的值对应的 ASCII 字符,即 a(第 13 行);<br>当为 c2 赋值 1024＋97＋128 时,保留后 8 位时,最高位(符号位)为 1,此值为负数(−31),无对应的 ASCII 字符(输出"?")(第 15 行);<br>当为 c3 赋值 1024＋97＋128 时,得值 1249,但以"％c"输出时,显示会与上一个 c2 情况相同(第 17 行) |

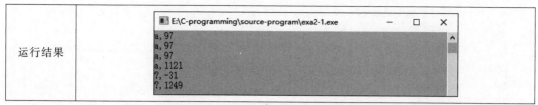

注：本书实践采用的编译器中，ASCII 代码为标准版，仅有 0～127 数字的对应字符。其他编译器可能采用扩展版 ASCII 代码对照表，128～255 数字有对应字符。上例的"?"输出会替换为"β"。

【范例 2】 补充程序

下面代码功能为：若用户输入正的浮点数，将该数四舍五入转换成正整数或 0 并输出。请将代码补充完整。不要增行或删行、改动程序结构。

```
1   #include<stdio.h>
2   int main()
3   {
4       int outN;
5       float inF;
6       scanf("%f",&inF);
7       _____;
8       printf("%d\n",outN);
9       return 0;
10  }
```

范例分析：将浮点型变量、常量或表达式赋值给整型变量时，会直接去掉浮点型数值的小数部分，仅保留其整数部分并以此为整型变量赋值。若需实现四舍五入的功能，需要将小数部分大于或等于 0.5 的数实现整数部分加 1，小于 0.5 的数整数部分不改变，然后在转换为整数时舍弃小数部分。

处理结果：根据上述分析，可补充填空为 $outN = 0.5 + inF$。补充代码后，程序运行结果如下（分别输入 2.499 和 13.5000000001）。

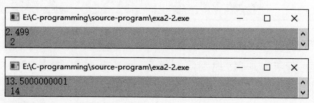

【范例 3】 调试程序

要求：下列代码要求取任意三个整数的均值，分析已给出的语句，要求判断调试运行该程序是否正确，若有错，写出错在何处。填写正确的运行结果。不要增行或删行、改动程序结构。

```
1   #include<stdio.h>
2   int main()
3   {
4       int firN,secN,thiN;
5       float aver;                //整数的平均值可能是小数
```

```
6        scanf("%d%d%d",firN, secN, thiN);
7        aver=(firN+secN+thiN)/3;
8        printf("the average value of %d,%d,and %d is %.2f\n", firN, secN, thiN,
  aver);
9        return 0;
10  }
```

| 若有错,指出错误并修改 | 错误行号: | | 应改为: |
|---|---|---|---|
| | 错误行号: | | 应改为: |
| | 错误行号: | | 应改为: |
| 调试正确后的运行结果 | 输出结果: | | |

**范例分析**：程序首先定义了三个整型变量,然后定义浮点型变量 aver 存平均值。第 6 行调用 scanf 函数接收用户输入的三个整型值,第 7 行计算平均值并赋给 aver 变量,第 8 行输出平均值。在调用 scanf() 函数时,第一个参数是用于指定输入数据类型和格式的字符串,后续的参数表示数据存储的变量地址,因此变量前需要加地址符。在第 7 行求均值的运算中,firN＋secN＋thiN 和常数 3 均为整型数据,相除得到的结果也为整数,然后在赋值时转成浮点数,这与相除时即得到浮点数的需求不符。

**处理结果**：根据分析,可答题如下:

| 若有错,指出错误并修改 | 错误行号: 5 | 应改为: scanf("%d%d%d",&firN,&secN,&thiN); |
|---|---|---|
| | 错误行号: 6 | 应改为: aver＝(firN＋secN＋thiN)/3.0; |
| | 错误行号: | 应改为: |
| 调试正确后的运行结果 | 输出结果:(用户输入 5、8、4 三个整数) | |
| | ![窗口 E:\C-programming\source-program\exa2-3.exe  — □ ×  5 8 4  The average value of 5,8,and 4 is 5.67] | |

**【范例 4】** 编写程序

某村庄由于地处石灰岩地区,地下溶洞繁多,水中碳酸钙含量较高。又因该村庄位置偏僻且地势较高,引水不便,为帮助解决该村居民的生活用水,扶贫工作组为该村修建了大型蓄水池,水池为圆柱形,圆内半径为 $r$,水池墙体厚为 $d$,可蓄水高度为 $h$,求该水池的占地面积及可蓄水总量。

视频讲解

**范例分析**：从题意可知,该问题由用户输入水池的内圆半径,墙体厚度和储水高度,然后分别计算占地外圆的面积和可蓄水的体积,最后输出占地面积和蓄水体积,程序流程如图 2-3 所示。

**范例代码**：

```
1    #include<stdio.h>
2    #define PI 3.14
3    int main()
```

图 2-3　范例 4 流程图

```
4    {
5        double r, d, h, s, v;
6        scanf("%lf,%lf,%lf", &r, &d, &h);
7        s=PI * (r+d) * (r+d);
8        v=PI * r * r * h;
9        printf("Covering area=%lf, pool capacity=%lf\n",s,v);
10       return 0;
11   }
```

**注意**：由于圆周率为常量，因此算法中定义了符号常量 PI，其值为 3.14。半径、墙体厚度、高度、面积、体积等变量均定义为双精度类型。

**运行结果**：

当用户输入内圆半径为 5，墙厚为 1，储水高度为 10 时，程序运行结果如下。

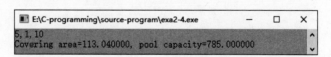

# 2.4　注 意 事 项

（1）变量名要遵守标识符命名规则，变量名、函数名、关键字等均要注意区分大小写。

（2）要注意程序中需要空格的地方一定要留空格（如 int a＝3，b＝5；中的 int 和 a 之间必须留空格）。

（3）注意"\"与"/"的区别。

（4）所定义的变量的类型与输入的数据的类型要一致，输出时的格式一定要满足数据的大小。

（5）注意当运算对象均为整数时"/"运算符的使用，"％"运算符两边一定是整型数据。

（6）注意自加和自减运算符的运算规则。

# 2.5  实践任务

## 2.5.1  阅读程序分析结果

任务 1. 编辑下面源程序，分析运行程序结果，然后运行程序，将执行结果与分析结果相对比，完成填空。

```
1   #include <stdio.h>
2   int main()
3   {
4       int i=1,j=1,k=1,m,n;
5       k-=k;
6       printf("%d,%d,%d\n",i++,++j,k);
7       n=k;
8       m=++i+j++;
9       k-=i++;
10      n-=++j;
11      printf("%d,%d,%d,%d,%d\n",i,j,m,k,n);
12      return 0;
13  }
```

| 分析结果 | |
|---|---|
| 输出结果 | |

任务 2. 编辑下面源程序，分析运行程序结果，然后运行程序，将执行结果与分析结果相对比，完成填空。

```
1   #include <stdio.h>
2   int main()
3   {
4       char c='\143';
5       int n,m=1;
6       float f1,f2,t=3.6;
7       n=(int)(t*(c-'a'));
8       f1=(int)t*(c-'a');
9       f2=m/(c-'a')*t;
10      printf("n=%d,f1=%.1f,f2=%.1f\n",n,f1,f2);
11      return 0;
12  }
```

| 分析结果 | |
|---|---|

| 分析结果 | |
|---|---|
| 输出结果 | |

任务 3*. 编辑下面源程序,分析运行程序结果,然后运行程序(按注释要求输入数据),将执行结果与分析结果相对比,完成填空。

```
1   #include <stdio.h>
2   int main()
3   {
4       float x=5.1,y=10.2;
5       scanf("%f",&x,&y);              //用户输入 2.5 和 10.25
6       printf("x=%f,y=%f\n",x,y);
7       printf("%d,%d\n",x,y);
8       return 0;
9   }
```

| 分析结果 | |
|---|---|
| 输出结果 | |

**提示:**

1. scanf()、printf()函数中第一个字符串参数中的格式控制符少于后续的参数时,多余的参数不进行处理。

2. 单精度浮点数以%d格式输出时,先将该数转成双精度浮点数,然后将其后四个字节(32 位)的值转成整型值输出。

3. 4 字节 float 型数据的 32 位功能分配为:

　　　　1 位的符号位　 + 　8 位的指数位　 + 　23 位的尾数位

8 字节 double 型数据的 64 位功能分配为:

　　　　1 位的符号位　 + 　11 位的指数位　 + 　52 位的尾数位

4. 十进制小数转二进制小数的基本方法为:小数部分乘以 2,整数部分作为第一个小数位;小数部分再乘以 2,所得结果的整数部分作为第二个小数位,以此类推。

### 2.5.2　补充程序

要求:依据题目要求,分析已给出的语句,按要求填写空白。不要增行或删行、改动程序结构。

任务 1. 将大写字母转成对应的小写字母。

```
1   #include <stdio.h>
2   int main()
3   {
4       char c1='G',c2;
```

```
5        c2=_____;
6        putchar(c2);
7        return 0;
8    }
```

任务 2. 将两个整型变量的值互换。

```
1    #include <stdio.h>
2    int main()
3    {
4        int a=5,b=10;
5        printf("a=%d,b=%d\n",a,b);
6        a=a+b;
7        _____;
8        _____;
9        printf("a=%d,b=%d\n",a,b);
10       return 0;
11   }
```

### 2.5.3 调试程序

要求：按任务要求判断调试运行下列程序是否正确，若有错，写出错在何处，并填写正确的运行结果。不要增行或删行、改动程序结构。

任务 1. 求某一点到原点的距离。

```
1    #include<stdio.h>
2    #include<math.h>
3    int main()
4    {
5        double x1,y1,dist;
6        scanf("%f,%f",&x1,&y1);
7        dist=sqrt(x1^2+y1^2);
8        printf("%f\n",dist);
9        return 0;
10   }
```

| 若有错，指出错误并修改 | 错误行号： | 应改为： |
|---|---|---|
| | 错误行号： | 应改为： |
| | 错误行号： | 应改为： |
| 调试正确后的运行结果 | 输入数据：（运行三次）<br>3.5,12.3<br>0,0<br>-8.2,14.3 | 输出结果： |

任务 2. 求二元一次方程组 $\begin{cases} x+y=a \\ x-y=b \end{cases}$ 的解,$a$、$b$ 为用户输入。

```
1    #include <stdio.h>
2    int main()
3    {
4        double x,y,a,b;
5        scanf("%lf,%lf",&a,&b);
6        x+y=a;
7        x-y=b;
8        printf("x=%f,y=%f\n",x,y);
9        return 0;
10   }
```

| 若有错,指出错误并修改 | 错误行号: | 应改为: |
|---|---|---|
| | 错误行号: | 应改为: |
| | 错误行号: | 应改为: |
| 调试正确后的运行结果 | 输入数据:(运行三次)<br>5,-2<br>18.6,10.8<br>-6,10 | 输出结果: |

### 2.5.4 编写程序

任务 1. 小明输入了一个三位数,但老师希望先看到个位数,然后是十位数,最后才是百位数,请编程帮小明实现该功能:若小明输入 321,则输出 123;若小明输入 700,则输出 007。还需注意的是,小明输入的三位数必须是赋值给一个整型变量。

任务 2. 有一项工程需要 120 人·月才能完成,现有三个小队进行工程施工,A 小队完成了总工程的 1/3,B 小队完成了工程的 1/4,C 小队完成了总工程的 1/6,请编程计算还需多少人·月该工程才能完工。

注:人·月是软件项目中工作量的常用计算单位。例如:若一个项目需要 5 个人一起花费 4 个月完成,则项目的工程量为 20 人·月。

任务 3. 清明节快到了,某中学 2022 级 4 班组织去烈士陵园扫墓。若他们 5 人一组,共 11 组还余 4 人,于是他们调整为 6 人一组,请问共有多少组?余多少人?

# 第 3 章　选择结构程序设计

在顺序结构程序设计时,计算机按照代码的先后顺序依次执行每一条语句。然而在现实社会中,很多情况下都需要根据不同的条件做出不同的决策。例如,一个智能家居系统需要根据当前的时间、温度、湿度等因素来自动调节室内的温度和湿度;在电商平台上进行商品搜索时,用户可以根据价格、品牌、销量多个条件进行筛选。本章首先简介关系运算符、逻辑运算符、条件运算符等三种运算符的基本知识,以及 if 语句和 switch 语句的使用规则,然后进行实践范例讲解和任务训练,让学生在掌握选择结构基本语法的基础上,能运用选择、判断逻辑思维,通过编程解决比较判断、决策分析等相关现实问题。

## 3.1　知 识 简 介

### 3.1.1　关系运算符和关系表达式

关系运算符是一种用于比较两个数值之间大小关系的运算符,用于生成关系表达式的一部分。C 语言提供六种关系运算符:

①　＜　（小于）　　　　②　＜＝　　　（小于或等于）
③　＞　（大于）　　　　④　＞＝　　　（大于或等于）
⑤　＝＝　（等于）　　　⑥　！＝　　　（不等于）

其中前四种运算符的优先级要高于后两种,但都低于算术运算符且高于赋值运算符的优先级。例如,假设有 int i,j,k;则:

```
i>j-k        等效于     i>(j-k)
k!=i<=j      等效于     k!=(i<=j)
j=k==i       等效于     j=(k==i)
```

关系表达式是用关系运算符将两个数值或数值表达式连接起来的式子,关系表达式的值是一个逻辑值,即“真”或“假”。在 C 的逻辑运算中,以“1”代表“真”,以“0”代表“假”。关系表达式经常被用于程序中的条件语句、循环语句以及逻辑运算。

### 3.1.2　逻辑运算符和逻辑表达式

逻辑运算符是表示两个数值之间逻辑关系的运算符,C 语言提供了三种逻辑运算符:＆＆(逻辑与)、||(逻辑或)、!(逻辑非)。

＆＆(逻辑与)为双目运算符,如果两个操作数都为真,则结果为真,否则结果为假。

||(逻辑或)为双目运算符,如果两个操作数中至少有一个为真,则结果为真,否则结果为假。

!(逻辑非)为单目运算符,如果操作数为真,则结果为假,如果操作数为假,则结果为真。

三种逻辑运算中,逻辑非的运算优先级最高,高于算术运算符;逻辑与、逻辑或的优先级低于关系运算符,但高于赋值运算符,而且逻辑与的优先级高于逻辑或。

逻辑表达式是用逻辑运算符将关系表达式或其他逻辑量连接起来的式子。逻辑表达式的值为逻辑量"真"或"假"。编译系统在表示逻辑运算结果时,以数值"1"代表"真",以"0"代表"假";但在判断一个量是否为"真"时,以"0"代表"假",以非"0"代表"真"。

三种逻辑运算符的逻辑运算真值表见表 3-1。

表 3-1　逻辑运算真值表

| a | b | ! a | ! b | a && b | a ‖ b |
|---|---|-----|-----|--------|-------|
| 非0 | 非0 | 0 | 0 | 1 | 1 |
| 非0 | 0 | 0 | 1 | 0 | 1 |
| 0 | 非0 | 1 | 0 | 0 | 1 |
| 0 | 0 | 1 | 1 | 0 | 0 |

### 3.1.3　条件运算符

条件运算符为三目运算符,基本语法如下。

表达式 1?表达式 2: 表达式 3

条件运算符的执行顺序为:

(1) 求解表达式 1;

(2) 若表达式 1 为非 0(真)则求解表达式 2,此时表达式 2 的值就作为整个条件表达式的值;若表达式 1 的值为 0(假),则求解表达式 3,表达式 3 的值就是整个条件表达式的值。

条件运算符可以让代码更加简洁明了,但是过度使用条件运算符也可能会导致代码难以理解。因此,在实际编程中应该根据具体情况选择是否使用条件运算符。

### 3.1.4　if 语句

if 语句的一般形式如下。

```
if (表达式)  语句 1
[ else      语句 2 ]
```

其中表达式可为数值表达式、关系表达式、逻辑表达式等,当其值非 0 时,执行语句 1;else 子句为可选结构,若有 else 子句,则当表达式的值为 0 时,执行语句 2。if-else 语句执行流程如图 3-1 所示。

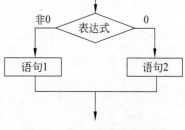

图 3-1　if-else 语句执行流程

在 if 语句中可以再包含一个或多个 if 语句,这称为 if 语句的嵌套,一般形式如下。

在多层的 if 嵌套语句中,else 总是与它上面最近的未配对的 if 配对。为了限定内嵌的 if 语句的作用范围,可在语句外恰当的位置使用{}。

### 3.1.5　switch 语句

switch 语句的一般形式如下。

```
switch(整型表达式)
{
    case 常量 1:    语句 1;
    case 常量 2:    语句 2;
        …
    case 常量 n:    语句 n;

    default:    语句 n+1;
}
```

其执行过程如下。(流程图见图 3-2)。

(1) 计算表达式的值。

(2) 将表达式的值逐个与其后的常量值相比较,当表达式的值与某个常量值相等时,即执行其后的语句,然后不再进行判断,继续执行后面所有 case 后的语句。

(3) 如表达式的值与所有 case 后的常量表达式均不相同时,则执行 default 后的语句。

由于 switch 语句中每个 case 子句对应的为不同的入口,不加干预的话,其后各 case 子句对应的语句均被执行。为了让 switch 语句具有选择的功能,经常会与 break 关键字联合使用,其形式如下(流程图见图 3-3)。

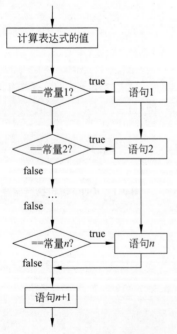

图 3-2　switch 语句执行流程

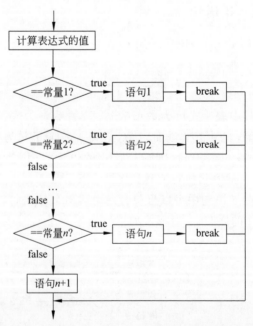

图 3-3　switch 语句与 break 关键字联合使用执行流程

```
switch(整型表达式)
{
    case 常量 1:    语句 1;break;
    case 常量 2:    语句 2;break;
        ...
    case 常量 n:    语句 n;break;
        default:    语句 n+1;
}
```

# 3.2　实　践　目　的

(1) 掌握关系运算符、逻辑运算符和条件运算符的使用规则,能够分析判断三种运算后所得结果。

(2) 能够针对具体问题进行分析,正确编写对应的关系表达式、逻辑表达式和条件表达式。

(3) 能够利用 if 基本语句和 if 嵌套语句,为具有选择、判断等要求的问题编写相应的代码。

(4) 能够应用 switch 语句编写代码实现多分支问题求解。

# 3.3　实　践　范　例

【范例 1】　阅读程序分析结果

要求:编辑下面源程序,分析运行程序结果,然后运行程序,将执行结果与分析结果相对比,完成填空。

```
1    #include<stdio.h>
2    int main()
3    {
4        int a=1,b=2,c=3,d=4,m=1,n=1,k=0,l=0;
5        if((m=a>b) && (n=c>d)) ;
6        printf(" m=%d,n=%d\n",m,n);
7        if((k=a<b) || (l=c<d)) ;
8        printf(" k=%d,l=%d\n",k,l);
9        return 0;
10   }
```

| 分析结果 | |
|------|------|
| 运行结果 | |

**范例分析**:范例主要考查逻辑运算符的短路机制。C 语言逻辑运算的短路特性原理如下:

（1）对于"（表达式 1）&&（表达式 2）"，如果表达式 1 为假，则整个逻辑表达式的结果肯定为假，表达式 2 不会进行运算，即表达式 2"被短路"；

（2）对于"（表达式 1）||（表达式 2）"，如果表达式 1 为真，则整个逻辑表达式的结果肯定为真，表达式 2 不会进行运算，即表达式 2"被短路"。

**处理结果**：按照以上分析，可进行如下作答。

| | |
|---|---|
| 分析结果 | 第 5 行 if 语句中，"（m＝a＞b）&&（n＝c＞d）"为逻辑与表达式。由于 a＞b 为假（其值为 0），因此将 0 赋值给 m，即表达式（m＝a＞b）为假，则该逻辑与表达式的结果为假；基于短路机制，直接跳过（n＝c＞d），变量 n 的值依旧为 1。由于 if 语句中表达式的结果为假，其后的空语句不会执行。第 6 行输出 m＝0,n＝1。<br>第 7 行 if 语句中，"（k＝a＜b）||（l＝c＜d）"为逻辑或表达式。由于 a＜b 为真（其值为 1），因此将 1 赋值给 k，即表达式（k＝a＜b）为真，则该逻辑或表达式的结果为真；基于短路机制，直接跳过（l＝c＜d），变量 l 的值依旧为 0。由于 if 语句中表达式的结果为真，其后的空语句会被执行。第 8 行输出 k＝1,l＝0 |
| 运行结果 | 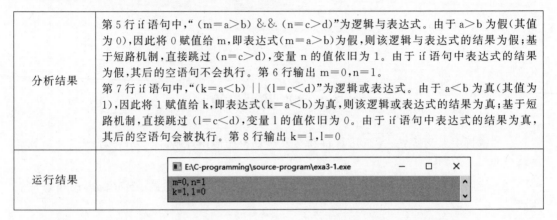 |

**【范例 2】　补充程序**

下面代码功能为：由用户输入三个正数，判断其能否组成三角形，如果能，再判断是锐角、直角还是钝角三角形。请将代码补充完整，不要增行或删行、改动程序结构。

```
1    #include<stdio.h>
2    int main()
3    {
4        double firE,secE,thiE;
5        scanf("%lf%lf%lf",&firE,&secE,&thiE);
6        if(_____)
7            printf("Cannot form a triangle!\n");      //不能构成三角形
8        else if(firE*firE+secE*secE>thiE*thiE ____ firE*firE+thiE*thiE>secE
         *secE
9             _____ thiE*thiE+secE*secE>firE*firE)
10            printf("Form an acute triangle!\n");      //构成锐角三角形
11        else if(firE*firE+secE*secE==thiE*thiE ____ firE*firE+thiE*thiE==
         secE*secE
12             || thiE*thiE+secE*secE==firE*firE)
13            printf("Form a right triangle!\n");       //构成直角三角形
14        else
15            printf("Form an obtuse triangle!\n");     //构成钝角三角形
16        return 0;
17    }
```

**范例分析**：本范例主要考核 if 语句中表达式的编写。

若三条边能构成三角形，需要的是两边之和大于第三边。由于用户输入边长时大小顺序没有确定，因此任意一条边长大于另外两条边之和即不能构成三角形，在不能构成三角形的表达式中需要考虑三种情况,三种情况之间用逻辑或连接。

若三条边构成直角三角形,则需存在其中某条边长的平方,等于另外两边的平方和。由于三条边都有可能是斜边,该判断也存在三种大小关系比较,三个关系运算之间用逻辑或进行连接。而在判断三角形是锐角三角形时,则要求任意一条边长的平方,均要小于另两条边长的平方和,三个关系表达式之间用逻辑与符号进行连接。

**处理结果**:根据上述分析,可依次补充填空为 firE＋secE＜＝thiE ‖ firE＋thiE＜＝secE ‖ thiE＋secE＜＝firE,＆＆,＆＆,‖,‖。补充代码后,程序运行结果如下(共四组不同输入)。

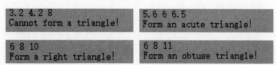

```
3.2 4.2 8
Cannot form a triangle!

5.6 6 6.5
Form an acute triangle!

6 8 10
Form a right triangle!

6 8 11
Form an obtuse triangle!
```

**【范例 3】** 调试程序

**要求**:根据实践内容需求,分析已给出的语句,要求判断调试运行该程序是否正确,若有错,写出错在何处,并填写正确的运行结果。不要增行或删行、改动程序结构。

**范例描述**:已知根据某矿石出矿比例对其进行等级评定。若出矿比例大于或等于 90%(含矿量无 100% 的情况),则为 A 类矿;出矿比例大于或等于 80% 且小于 90% 的为 B 类矿,出矿比例大于或等于 70% 且小于 80% 的为 C 类矿,出矿比例大于或等于 60% 且小于 70% 的为 D 类矿,其余的为 E 类矿。现有 100kg 的矿石,要求用户输入出矿量 outP(kg),然后评定该矿石的等级。基于此,采用 switch 语句编程实现,代码如下。

```c
1    #include<stdio.h>
2    int main()
3    {
4        float outP;
5        scanf("%f",&outP);
6        switch(outP)
7        {
8            case (out>90):printf("A");
9            case (out>80):printf("B");
10           case (out>70):printf("C");
11           case (out>60):printf("D");
12           default:printf("E");
13       }
14       return 0;
15   }
```

| 若有错,指出错误并修改 | 错误行号: | | 应改为: |
|---|---|---|---|
| | 错误行号: | | 应改为: |
| | (若错误的行较多,可自行增加行) | | |
| 调试正确后的运行结果 | 输出结果: | | |

**范例分析**：程序主要考查 switch 语句的使用。

首先，要求 switch 语句中的表达式为整型表达式，不能是浮点型结果。

其次，case 子句后必须跟整型常数或整型常量表达式，要求有确定的整数值。

第三，每个 case 子句只是判断执行的入口，若不与 break 关键字协同处理，后面的 case 子句和 default 子句内容会全部执行。

**处理结果**：根据分析，可完成填空如下：

| | 错误行号：6 | 应改为：switch((int)outP/10) |
|---|---|---|
| 若有错，指出<br>错误并修改 | 错误行号：8 | 应改为：case 9:printf("A");break; |
| | 错误行号：9 | 应改为：case 8:printf("B");break; |
| | 错误行号：10 | 应改为：case 7:printf("C");break; |
| | 错误行号：11 | 应改为：case 6:printf("D");break; |
| 调试正确后的<br>运行结果 | 输出结果：(用户分别输入 90,89.9,75.2,60 和 5)<br><br>90    89.9    75.2    60    5<br>A      B       C       D     E | |

视频讲解

**【范例 4】 编写程序**

**范例描述**：请编写一个 C 程序，模拟社会公益活动的情景。要求用户输入志愿者的年龄和工作时间(以小时为单位)。根据年龄和工作时间，判断志愿者的参与程度，并输出相应的评价：

如果年龄在 18 岁到 30 岁之间且每周工作时间达到或超过 20 小时，输出"热心的年轻志愿者，为社会贡献很大"；

如果年龄在 18 岁到 30 岁之间但每周工作时间不足 20 小时，输出"年轻志愿者，希望你能多投入时间"；

如果年龄不在 18 岁到 30 岁之间但每周工作时间达到或超过 20 小时，输出"虽然不年轻，但你的贡献令人钦佩"；

如果年龄不在 18 岁到 30 岁之间且每周工作时间不足 20 小时，输出"希望你能继续参与，无论年龄和时间，每个人都可以为社会贡献一份力量"。

**范例分析**：本范例主要考查多重条件下的选择结构的程序设计。根据题意，可得输入条件与输出结果对应关系如表 3-2 所示。

表 3-2　输入条件与输出结果对应关系

| 工作时长<br>年龄 | 达到或超过 20 小时 | 不足 20 小时 |
|---|---|---|
| 18≤age 且 age≤30 | 年轻、贡献大 | 年轻、应投入更多时间 |
| age≤18 或 30≤age | 不年轻、令人钦佩 | 希望继续参与，贡献力量 |

根据上表，可利用 if 嵌套求解，外层 if 语句需判断年龄，内层 if 语句判定工作时长，if 嵌套部分的伪代码描述如下。

```
if age in [18,30] then:
    if work time >=20h then
        output "热心的年轻志愿者,为社会贡献很大"
    else
        output "年轻志愿者,希望你能多投入时间"
else if work time >=20h then
        output "虽然不年轻了,但你的贡献令人钦佩"
    else
        output "希望你能继续参与,无论年龄和时间,每个人都可以为社会贡献一份力量"
```

**范例代码**：根据上述分析,可编写代码如下。

```
1    #include <stdio.h>
2    int main()
3    {
4        int age;
5        int workHours;
6        // 提示用户输入年龄和工作时间
7        printf("请输入志愿者的年龄: ");
8        scanf("%d", &age);
9        printf("请输入志愿者的工作时间(小时): ");
10       scanf("%d", &workHours);
11       // 判断志愿者的参与程度并输出评价
12       if (age >=18 && age <=30)
13           if (workHours >=20)
14               printf("热心的年轻志愿者,为社会贡献很大。\n");
15           else
16               printf("年轻志愿者,希望你能多投入时间。\n");
17       else
18           if (workHours >=20)
19               printf("虽然不年轻,但你的贡献令人钦佩。\n");
20           else
21               printf("希望你能继续参与,无论年龄和时间,每个人都可以为社会
22                       贡献一份力量。\n");
23       return 0;
24   }
```

运行结果如下。

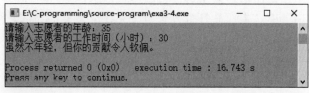

在设计时,也可在外层 if 语句先判断志愿者的工作时间,在内层 if 语句中判断志愿者的年龄。

此外,也可将志愿者的年龄和工作时间在同一条 if 语句中进行判断,可编写以下代码：

```
1    #include <stdio.h>
2
3    int main()
4    {
5        int age;
6        int workHours;
7        // 提示用户输入年龄和工作时间
8        printf("请输入志愿者的年龄: ");
9        scanf("%d", &age);
10       printf("请输入志愿者的工作时间(小时): ");
11       scanf("%d", &workHours);
12       // 判断志愿者的参与程度并输出评价
13       if (age >=18 && age <=30 && workHours >=20)
14           printf("热心的年轻志愿者,为社会贡献很大。\n");
15       else if (age >=18 && age <=30 && workHours <20)
16           printf("年轻志愿者,希望你能多投入时间。\n");
17       else if ((age <18 || age >30 ) && workHours >=20)
18           printf("虽然不年轻,但你的贡献令人钦佩。\n");
19       else
20           printf("希望你能继续参与,无论年龄和时间,每个人都可以为社会贡献
21                  一份力量。\n");
22       return 0;
23   }
```

**【范例5】 编写程序**

**范例描述**:某专卖店周年庆开展促销活动,对其经营的 A、B、C、D 四类原价均为 200 元的商品进行折上折促销。具体规则如下所示。

视频讲解

1. A 类商品买两件及以上每件 8 折;B 类商品买 1 件打 9 折,买两件及以上每件打 7.5 折;C 类商品购买即对该商品打 8.5 折;D 类商品购买三件以下打 9 折,买 3 件及以上每件打 7 折;

2. 普通顾客在原折扣基础上再打 9 折,一般会员打 7 折,高级会员打 6 折;

3. 在折扣后计算总价,如果总价超过 1000 元,对超过的部分再打 7 折。

请编写程序,需要输入用户购买商品的数量 countA、countB、countC、countD,用户的类型('V'表示一般会员,'S'表示高级会员,其他表示普通顾客)。然后计算用户消费的总价并输出(结果保留 1 位小数)。

**范例分析**:本实践范例主要考查多组 if 语句依次工作的程序设计。

首先,根据四类不同商品的购买量选择对应的打折项,计算第一种打折后消费总价。此时可依次使用三组 if 语句(C 类商品打折方式与购买数量无关,无需选择语句),以各商品的购买量为判定条件。

然后根据会员类型计算第二种打折,此时以输入的用户类型为判定条件,以简单的嵌套 if 语句分别计算三类用户打折后的消费总量。

最后根据消费总价是否超过 1000 元(if 语句实现,判定条件为消费总价与 1000 的大小关系),对于一次性消费超过 1000 元的用户,将其超过的部分再按 70% 计算。

算法流程见图 3-4。

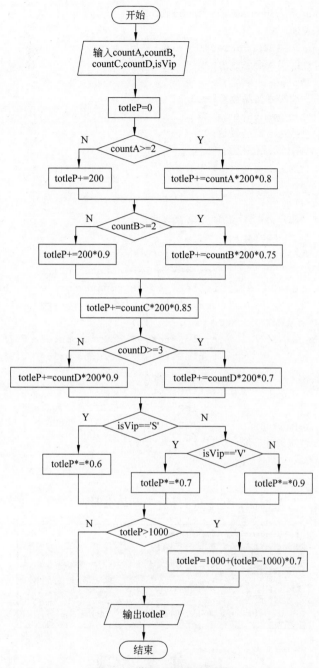

**图 3-4  范例 4 程序流程图**

在编程时需要注意，依照题意及上述分析，判断购买的商品数量、判断用户类别、判断消费总价这三组选择语句之间为先后组合关系，无需使用 if 嵌套。

**范例代码**：根据上述分析，可编写代码如下。

```
1    #include<stdio.h>
2    int main()
3    {
```

```
4        int countA,countB,countC,countD;
5        char isVip;
6        float price=200,totleP=0;
7        printf("购买 A 商品数量: ");
8        scanf("%d",&countA);
9        printf("购买 B 商品数量: ");
10       scanf("%d",&countB);
11       printf("购买 C 商品数量: ");
12       scanf("%d",&countC);
13       printf("购买 D 商品数量: ");
14       scanf("%d",&countD);
15       getchar();
16       printf("用户类别,一般会员 V,高级会员 S);
17       scanf("%c",&isVip);
18       if(countA>=2)           totleP=totleP+countA * price * 0.8;
19       else                    totleP=totleP+countA * price;
20       if(countB>=2)           totleP=totleP+countB * price * 0.75;
21       else                    totleP=totleP+countB * price * 0.9;
22       totleP=totleP+countC * price * 0.85;
23       if(countD>=3)           totleP=totleP+countD * price * 0.7;
24       else                    totleP=totleP+countD * price * 0.9;
25       if(isVip=='V')          totleP=totleP * 0.7;
26       else if(isVip=='S')     totleP=totleP * 0.6;
27       else                    totleP=totleP * 0.9;
28       if(totleP>1000)         totleP=1000+(totleP-1000) * 0.7;
29       printf("需支付总价: %.1f\n",totleP);
30       return 0;
31  }
```

**运行结果:**(输入每类商品购买 5 件,身份为高级会员时)

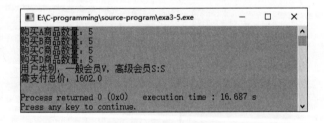

# 3.4  注 意 事 项

(1)对于多个运算符混合运算的表达式,需要注意各运算符的优先级。

(2)在表示一个数值区间时,往往使用逻辑运算符连接多个关系表达式。

(3)浮点型表达式、常数、变量等之间进行相等判断时,一般不直接使用"==",而是判断两个值的差的绝对值是否小于一个极小值。

(4)if-else 语句中,if 与 else 后都只能是一条语句,若需执行多条语句,需要使用{}将多条语句变成一条复合语句。

（5）if 嵌套语句中，内嵌的 else 总是与其最近且未配对的 if 相配对。

（6）switch 语句后的表达式必须是整型表达式，case 子句后为整型常数或整型常量表达式。

# 3.5　实　践　任　务

## 3.5.1　阅读程序分析结果

任务 1.编辑下面源程序，分析运行程序结果，然后运行程序，将执行结果与分析结果相对比，完成填空。

```
1    #include <stdio.h>
2    int main()
3    {
4        int x=11,y=9,a,b,c;
5        a=(--x==y++)?--x:++y;
6        b=x--;
7        c=++y;
8        printf("a=%d,b=%d,c=%d\n",a,b,c);
9        return 0;
10   }
```

| 分析结果 | |
|---|---|
| 输出结果 | |

任务 2.编辑下面源程序，分析运行程序结果（当用户输入 9 时），然后运行程序，将执行结果与分析结果相对比，完成填空。

```
1    #include<stdio.h>
2    int main()
3    {
4        int n;
5        scanf("%d",&n);
6        if(n++<10)
7            printf("%d\n",n);
8        else
9            printf("%d\n",n--);
10       return 0;
11   }
```

| 分析结果 | |
|---|---|
| 输出结果 | |

任务 3.编辑下面源程序，分析运行程序结果，然后运行程序，将执行结果与分析结果相对比，完成填空。

```
1    #include <stdio.h>
2    int main()
3    {
4        int a=20,b=10,m=3,n=8,k=1;
5        if (a<b);
6        b=15;
7        if (b==15)
8        {
9            if (!m) k=5;
10           else if(!n) k=10;
11       }
12       else
13           k=15;
14       printf("%d\n", k);
15       return 0;
16   }
```

| 分析结果 | |
| --- | --- |
| 输出结果 | |

任务 4. 编辑下面源程序,分析运行程序结果,然后运行程序,将执行结果与分析结果相对比,完成填空。

```
1    #include<stdio.h>
2    int main()
3    {
4        int x=1,y=0,a=0,b=0;
5        switch(x)
6        {
7            case 1:
8                switch(y)
9                {
10                   case 0:    a++;    break;
11                   case 1:    b++;    break;
12               }
13           case 2:
14               a++;    b++;    break;
15       }
16       printf("a=%d,b=%d\n",a,b);
17       return 0;
18   }
```

| 分析结果 | |
| --- | --- |
| 输出结果 | |

### 3.5.2 补充程序

要求：依据题目要求，分析已给出的语句，按要求填写空白。不要增行或删行、改动程序结构。

任务 1. A、B 两人轮流从一堆糖果中取若干颗糖（A 先取），要求最少取 1 颗，最多取 m 颗（m 为大于 1 的整数），取到最后一颗糖果的人获胜。下列程序的功能是，由用户输入糖果的总数量 N 和一次能取的糖果最大值 m，判断 A 还是 B 获胜。

```
1   #include<stdio.h>
2   int main()
3   {
4       int N,m;
5       printf("请输入糖果的总数量 N=");
6       scanf("%d",&N);
7       printf("请输入一次能取的糖果最大数量 m=");
8       scanf("%d",&m);
9       if(_____)
10          printf("A 获胜!");
11      else
12          printf("B 获胜!");
13      return 0;
14  }
```

任务 2. 下列程序的功能是，将输入的大写字母转成小写字母，输入的小写字母转成大写字母，其他字符则不进行处理。

```
1   #include <stdio.h>
2   int main()
3   {
4       char ch ;
5       scanf("%c",&ch);
6       if(_____)
7           ch=ch+32;
8       else if(ch>='a' && ch<='z')
9           _____;
10      printf("%c\n",ch);
11      return 0;
12  }
```

任务 3. 在信息传递过程中，为了防止第三方获取信息真实内容，往往需要对信息进行加密等处理。下列代码是对信息加密的简单方法之一，程序对输入的小写字母进行循环后移 5 个位置后输出，例如，'a'变成'f'、'w'变成'b'。

```
1   #include<stdio.h>
2   int main()
3   {
4       char c;
```

```
 5        c=getchar();
 6        if (c>='a'&&c<='u')
 7            _____;
 8        else if (c>='v'&&c<='z')
 9            _____;
10        putchar(c);
11        return 0;
12   }
```

任务 4. 地球绕日运行周期为 365 天 5 小时 48 分 46 秒，即一回归年。公历的平年只有 365 日，比回归年短约 0.2422 日，每四年累积约一天，把这一天加于 2 月末（即 2 月 29 日），使当年时间长度变为 366 日，这一年就为闰年。某一年为闰年的判定规则是，若该年份是 4 的倍数且不是 100 的倍数，或者该年份是 400 的倍数，则该年为闰年。下列代码用于判定输入的年份是否为闰年。

```
 1   #include<stdio.h>
 2   int main()
 3   {
 4       int y;
 5       scanf("%d",&y);
 6       if(_____)  printf("%d is a leap year.\n ",y);
 7       else             printf("%d is not a leap year.\n ",y);
 8         return 0;
 9   }
```

### 3.5.3  调试程序

要求：按任务要求判断调试运行下列程序是否正确，若有错，写出错在何处，并填写正确的运行结果。不要增行或删行、改动程序结构。

任务 1. 实现 a,b,c 从小到大排序后输出。

```
 1   #include <stdio.h>
 2   int main()
 3   {
 4       int a,b,c,t;
 5       scanf("%d%d%d",&a,&b,&c);
 6       if(a>b) t=a;a=b;b=t;
 7       if(b>c) t=b;b=c;c=t;
 8       if(a>c) t=a;a=c;c=t;
 9       printf("%d,%d,%d\n",a,b,c);
10       return 0;
11   }
```

| 若有错，指出错误并修改 | 错误行号： | 应改为： |
|---|---|---|
| | 错误行号： | 应改为： |
| | 错误行号： | 应改为： |

| 调试正确后的<br>运行结果 | 输入数据：<br>5 4 3 | 输出结果： |

任务 2. 已知函数 $f(x)＝1/200(x+5)(x-8)(x-2)(x+7)$ 的图像轨迹如图 3-5 所示，下面的程序实现功能为，输入 $x$，判断并输出 $f(x)$ 是大于 0、等于 0 或者是小于 0。

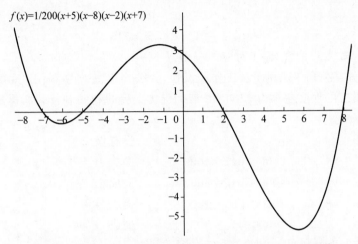

图 3-5 函数 $f(x)＝1/200(x+5)(x-8)(x-2)(x+7)$ 图像

```
1   #include <stdio.h>
2   int main()
3   {
4       double x;
5       scanf("%lf",&x);
6       if(x<-7 || -5<x<2 || x>8)
7           printf("f(%.2f)>0!\n",x);
8       else if(-7<x<-5 || 2<x<8)
9           printf("f(%.2f)<0!\n",x);
10      else
11          printf("f(%.2f)==0!\n",x);
12      return 0;
13  }
```

| 若有错，指出<br>错误并修改 | 错误行号： | 应改为： |
| --- | --- | --- |
| | 错误行号： | 应改为： |
| | 错误行号： | 应改为： |
| 调试正确后的<br>运行结果 | 输入数据： | 输出结果： |

## 3.5.4 编写程序

任务 1. 在平面上有一个圆心坐标为 $(1,2)$，半径为 4.5 的圆。A 点的坐标为 $(x,y)$，其中 $x,y$ 的值均为用户输入。试编写程序，判断 A 点在圆内，圆上还是圆外。

任务 2. 某学校为促进同学之间的友谊和团结,准备举行男女混合篮球赛,每队含 5 名男生和 3 名女生。已知该学校每个班均为 53 人,请判断当某班男生人数为 $n$($n$ 为用户输入)时,该班可组队参加比赛的人数能否达到最大值。

任务 3. 有一函数:

$$y = \begin{cases} x & -5 < x < 0 \\ x-1 & x=0 \\ x+1 & 0 < x < 10 \end{cases}$$

要求编程实现:输入 $x$ 的值,输出对应的 $y$ 值。

任务 4. 已知某公司为激励员工工作积极性,为公司提高效益,采用"底薪+提成"的计薪方式。已知员工的保底薪水为 3500 元,某月所接工程的利润 p 与利润提成的关系如下:(单位:元)

| | |
|---|---|
| p<=2000 | 没有提成 |
| 2000<p<=4000 | 提成 10% |
| 4000<p<=8000 | 提成 15% |
| 8000<p<=15000 | 提成 20% |
| 15000<p | 提成 25% |

需编程实现:输入工程利润 p,计算该员工的月收入。

任务 5. 某中学 2022 级 4 班学生组织去烈士陵园扫墓,班主任将同学们每 6 人一排排列整齐,然后剩余的学生一人举旗,4 人敬献花篮。请输入班级人数,然后判断班主任的想法能否实现。

任务 6*. 冬季来临,用电紧张。为鼓励节约用电,某城市实行浮动电价等奖惩制度。月用电量在 100 度以内的(≤100),每度 0.6 元,且总费用减免 6 元(若减免后小于 0 元,计为 0 元);用电量在 100 到 200 度之间的(>100 且 ≤200),按每度 0.6 元计,无其他奖惩;用电量在 200 到 400 度之间的(>200 且 ≤400),按每度 0.8 元计,无其他奖惩;超过 400 度的,前 400 度按每度 0.8 元计,超过部分按每度 1 元计。

输入:月用电量(整数)

输出:应缴电费(保留 1 位小数)

任务 7*. A、B 两人轮流从一堆糖果中取若干颗糖(A 先取),每次取的数量必须是 2 的整数次方,取到最后一颗糖果的人获胜。设计程序,由用户输入糖果的总数量 N,判断 A 还是 B 获胜。

任务 8*. 平面上由 $A(x_1,y_1)$、$B(x_2,y_2)$、$C(x_3,y_3)$ 三个顶点围成的三角形,需编程判断点 $D(x,y)$ 是在三角形内、三角形边上或是三角形外(四个点的横纵坐标均由用户输入,但用户须保证 $A$、$B$、$C$ 三点能组成三角形)。

# 第4章 循环结构程序设计

1966 年,科拉多·伯姆(Bohm)和朱塞佩·贾可皮尼(Jacopini)提出了程序设计的三种基本结构:顺序结构、选择结构和循环结构。顺序结构中包含的语句将按书写顺序执行,且每条语句都被执行;选择结构通过对条件的比较判断,选择对应的语句进行处理;循环结构实现同类、相似任务的批量处理。循环结构可以减少源程序重复书写的工作量,用来描述重复执行某段算法的问题,这是程序设计中最能发挥计算机特长的程序结构。本章简单介绍使用 while、do...while 以及 for 语句的基本规则,并通过范例讲解和任务训练,促进读者掌握解决重复性、迭代性问题的编程方法,初步培养读者解决复杂问题的编程能力。

## 4.1 知 识 简 介

### 4.1.1 while 语句

while 循环是 C 语言中最基本的循环控制结构之一,其基本结构如下。

  while(**表达式**) **语句**

其执行顺序为:首先判断条件表达式的值,若其值为"真"(表达式的值非 0),则执行循环体语句;否则退出循环,执行后续的语句。其流程图如图 4-1 所示。

while 后的表达式可以是数值表达式、关系表达式、逻辑表达式或者赋值表达式等。我们常常称表达式为循环条件,而后续的语句称为循环体。循环体只能是一条语句,若需循环执行多条语句,需要用"{}"将多条语句转成一条复合语句。

执行过程可简单记为:只要当循环表达式为真(即循环条件成立),就执行循环语句。整个循环的过程就是不停判断循环条件、并执行循环体代码的过程。

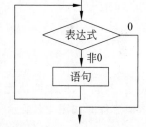

图 4-1 while 循环结构流程图

while 循环的整体思路为,设置带有变量的循环条件,即含有变量的表达式,并在循环体中添加能改变循环条件中变量值的语句。随着循环的不断执行,循环条件中变量的值不断变化,当某时刻循环条件不再成立,整个循环就此结束。例如,下面的程序求取了阶乘不超过 1000 的最大数,输出为 6。

```c
#include <stdio.h>
int main()
{
    int i=1, product=1;
    while(product<=1000)
    {
        i++;
```

```
        product*=i;
    }
    printf("%d\n",i-1);
    return 0;
}
```

代码分析：

（1）程序运行到 while 时，因为 product＝1，product ＜＝1000 成立，所以会执行循环体；执行结束后 i 的值变为 2，product 的值变为 2。

（2）接下来会继续判断 product ＜＝1000 是否成立，因为此时 product＝2，product ＜＝1000 成立，所以继续执行循环体；执行结束后 i 的值变为 3，product 的值变为 6。

（3）重复执行步骤（2）。

（4）当循环进行到第 6 次，i 的值变为 7，product 的值变为 5040；因为此时 product ＜＝1000 不再成立，所以就退出循环，不再执行循环体，转而执行 while 循环后面的代码。由于 i 等于 7 时阶乘已经大于 1000，因此阶乘不超过 1000 的最大数为 i－1，值为 6。

**注**：1. 若第一次进入 while 语句时，表达式为"假"（值为 0），则循环体语句 1 次都不执行；

2. 若表达式中无变量，或循环体语句中没有改变循环体变量值的语句，则若初次进入 while 语句表达式为真，循环永不结束，陷入死循环；若初次进入 while 语句表达式为"假"，直接跳出循环，不执行循环体语句。

### 4.1.2 do...while 语句

do...while 循环是另一种常见的循环结构，其基本结构如下。

```
do
        语句
while(表达式);            //";"不能丢
```

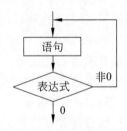

图 4-2 do...while 循环
结构流程图

其执行顺序为：先无条件执行循环体，然后判断循环条件是否成立；若成立，则继续执行循环体，否则退出循环。do...while 循环结构流程图如图 4-2 所示。

do...while 循环结构中，循环体语句至少会被执行 1 次。do...while 循环经常用于"**检验输入是否合法，不合法重新输入数据**"等类似场景。

**注**：当 while 和 do...while 具有相同的循环体时，当 while 后面的表达式的第一次的值为真时，两种循环得到的结果相同，否则，两者结果不同。以下为两种代码的举例。

```
int i,sum=0;                    int i,sum=0;
scanf("%d",&i);                 scanf("%d",&i);
while(i<=10)                    do
{                               {
    sum=sum+i;                      sum=sum+i;
    i++;                            i++;
}                               }while(i<=10);
printf("sum=%d\n",sum);         printf("sum=%d\n",sum);
```

在上面的代码中,当输入的 i 值不大于 10 时,得到的结果都是 i 到 10 的和;当输入的 i 大于 10 时,while 循环得到的结果为 0,而 do...while 循环得到的结果为 i。

### 4.1.3  for 语句

在 C 语言中,for 循环是一种常见的循环结构,常用于循环次数确定的情况。其基本结构如下。

**for(表达式 1;表达式 2;表达式 3)**
            **语句**

该结构也可以理解为:

**for(初始化;循环条件;循环变量增值)**
            **语句**

其执行顺序(流程图见图 4-3)如下。

(1) 表达式 1 在循环开始前执行一次。

(2) 计算表达式 2,如果为真(非 0),则执行循环体语句,否则跳过循环。

(3) 执行循环体语句。

(4) 执行表达式 3。

(5) 重复步骤 2~4,直到表达式 2 的值为假。

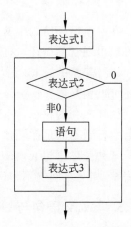

**图 4-3  for 循环结构流程图**

**例**:某个班级有 56 名同学,现依次输入每名学生的数学考试成绩(整数),然后计算班级的平均成绩(保留 1 位小数),用 for 语句编程如下。

```c
#include <stdio.h>
int main() {
    int numStu=56;                    // 班级总人数
    int mathScore;
    int totalScore =0;
    for (int i =1; i <=numStu; i++) {
        scanf("%d", &mathScore);    //输入第 i 名学生的数学成绩
        totalScore +=mathScore;
    }
    double averageScore =(double)totalScore / numStu;    // 计算平均成绩
    printf("班级的平均数学成绩为: %.1lf\n", averageScore);
    return 0;
}
```

**注**:1. for 语句和 while 语句可以相互转换。

for(表达式 1;表达式 2;表达式 3) 语句

等价于:

```
表达式 1;                                 表达式 1;
while(表达式 2)                           for(;表达式 2;)
{                        也可写为         {
    语句;                                     语句;
    表达式 3;                                 表达式 3;
}                                        }
```

2. 在 for 语句中,表达式 1、表达式 2 和表达式 3 均可省略,但必须保留两个分号。其中如果表达式 2 被省略,会被认为循环条件为"真"。

### 4.1.4　循环嵌套

在一个循环结构中又包含另一个完整的循环结构称为循环嵌套。内嵌循环的循环体中还可以出现新的循环,这就构成多重循环。

C 语言提供的 for 语句、while 语句和 do...while 语句,不但可以嵌套循环语句自身,而且还可以相互嵌套。

循环嵌套的执行:外层循环体每执行一次,内层循环都要整体循环一次(从初值开始,一直执行到不满足循环条件为止)。

三种循环语句 for、while、do...while 可以互相嵌套自由组合。但要注意的是,各循环必须完整,相互之间绝不允许交叉。

### 4.1.5　break 语句与 continue 语句

(1) break 语句提前中止循环。

作用:使流程跳到循环体之外,接着执行循环体下面的语句。

**注意**:break 语句只能用于循环语句和 switch 语句之中,不能单独使用。

(2) continue 语句提前结束本次循环。

作用:跳过循环体中下面未执行的语句,转到循环体结束点之前。对于 for 循环结构,会接着执行 for 语句中的表达式 3,然后进行下一次是否执行循环的判定;对于 while 和 do...while 循环结构,将直接判断 while 后的表达式是否为真。

## 4.2　实践目的

(1) 能够阅读、辨识循环结构程序代码,准确分析程序运行结果,为自主学习带有循环结构的复杂代码奠定基础。

(2) 针对重复性、迭代性问题等,能设置合理的循环条件,并设计循环体执行流程。

(3) 能够灵活运用 while、do...while、for 语句编写代码,实现循环结构程序开发,可对软件工程中的重复、迭代性问题进行求解。

## 4.3　实践范例

【范例 1】　阅读程序分析结果

要求:编辑下面源程序,分析输入"c2470f? ＜回车＞"后程序执行过程和运行结果;然

视频讲解

后运行程序,输入"c2470f? ＜回车＞",将执行结果与分析结果相对比,完成填空。

```
1    #include<stdio.h>
2    int main()
3    {
4        char ch;
5        long number=0;
6        while((ch=getchar())<'0'||ch>'6') ;
7        while(ch!='?'&&ch>='0'&&ch<='6')
8        {
9            number=number*7+ch-'0';
10           printf("%ld#",number);
11           ch=getchar();
12       }
13       return 0;
14   }
```

| 分析结果 | |
|---|---|
| 运行结果 | |

**范例分析**:本例主要考查 while 循环的条件表达式判定和循环语句处理。

首先需注意,在第一个 while 语句(第 6 行)之后紧跟着一个分号,表明程序由两个 while 循环结构构成,而不是循环嵌套。

在第一个循环中,循环体为空语句,当接收到的字符在'0'到'6'之间时,表达式为假,会跳出循环;当接收到的字符在'0'到'6'之间时会进入第二个循环结构(第 7～12 行),其对应的数值加上 number 的 7 倍后再赋值给 number 变量,然后输出 number 值和♯,然后接收新的字符,循环判断是否在'0'到'6'之间。

**处理结果**:按照以上分析,可进行如下作答。

| 分析结果 | 执行到第 6 行,此为循环体为空语句的循环结构,执行过程如下。<br>(1) 字符变量 ch 首先接收用户输入的字符'c',其值不在'0'到'6'之间,执行循环体的空语句后继续该循环语句的执行。<br>(2) 然后 ch 接收第二个字符'2',不满足循环条件(ch<'0'‖ ch>'6'),跳出该循环结构,向下执行第 7 行。<br>接下来执行第二个循环结构(第 7～12 行)。<br>(1) 字符变量 ch 值为'2',在'0'到'6'之间且不等于'?',执行循环体:<br>  第 9 行 number=0＊7+2;第 10 行输出 2♯;第 11 行 ch 接收新的字符'4'。<br>(2) 然后再跳转第 7 行,ch 值为'4'依据满足循环条件,执行循环体:<br>  第 9 行 number=2＊7+4,第 10 行输出 18♯,第 11 行 ch 接收到字符'7'。<br>(3) 跳转第 7 行,ch 不在'0'到'6'之间,不满足循环条件,跳出循环。<br>程序结束。 |
|---|---|
| 运行结果 | |

**【范例 2】 补充程序**

有研究证明,以素数形式无规律变化的导弹和鱼雷可以使敌人不易拦截;在汽车变速箱齿轮的设计上,相邻的两个大小齿轮齿数设计成素数,可增强耐用度,减少故障。同时,素数在密码学上的应用也很广泛。下面代码的功能为判定输入的自然数是否为素数,请将代码补充完整。不要增行或删行、改动程序结构。

```
1   #include<stdio.h>
2   int main()
3   {
4       int i,n,flag=0;
5       scanf("%d",&n);
6       for(i=2; i * i<=n; i++)
7           if(!(n%i))
8           {
9               flag=1;
10              _____;
11          }
12      if(_____)
13          printf("Not prime!\n");
14      else
15          printf("Is prime!\n");
16      return 0;
17  }
```

**范例分析**:本范例考查了 for 循环结构及其在求解素数中的应用。

为了验证输入的 n 是否为素数:

将 n 除以 2 到根号 n 之间的每个自然数(第 6 行:i=2;i * i<=n),

若存在余数为 0 的情况(第 7 行 !(n%i)为真)

说明 n 不是素数,即程序中将 flag 赋值为 1 的情况(第 9 行)。

因为一旦 flag 赋值为 1,即可判定该数不是素数,循环可以就此结束。由此,第一个空填写跳出循环的语句(第 10 行)。

前面的分析也已经说明,当 flag 为 1 时,该数不是素数,因此第二个空对应的就是 flag==1,或者直接为 flag(第 12 行)。

**处理结果**:根据上述分析,可依次补充填空为 break,flag,补充代码后,程序运行结果如下。

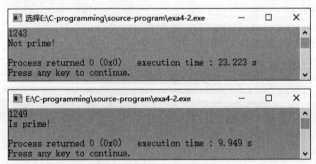

**【范例3】** 调试程序

**要求**：根据实践内容需求，分析已给出的语句，要求判断调试运行该程序是否正确，若有错，写出错在何处，并填写正确的运行结果。不要增行或删行、改动程序结构。

**范例描述**：当用户输入 n(n>0)之后，求 sum＝1＋2＋...＋n 的值并输出 sum。

```
1   #include<stdio.h>
2   int main()
3   {
4       int i=1,n,sum=0;
5       scanf("%d",&n);
6       while(i++<=n)
7           sum=sum+i;
8       printf("%d\n",sum);
9       return 0;
10  }
```

| 若有错，指出错误并修改 | 错误行号： | 应改为： |
|---|---|---|
| | 错误行号： | 应改为： |
| | （若错误的行较多，可自行增加行） | |
| 调试正确后的运行结果 | 输出结果： | |

**范例分析**：与前三章中调试程序问题主要针对语法错误，本次范例主要考查程序设计中的逻辑错误。

若输入大于 0 的自然数，程序运行情况如下所示。

（1）表达式(i++<=n)中，先判定 i<=n 成立(i 初始值为 1)，然后执行 i=i+1 使 i 值为 2，执行循环语句 sum＝sum+i=2(sum 初始值为 0)；

（2）反复执行直到 i++ 等于 n 时，先判定 n<=n 为真，再为 i 赋值 n+1，接下来执行循环体语句 sum＝sum+i，此时 sum 的值等于 2＋3＋...＋n+1；

（3）再判断表达式时，由于 n+1<=n 不成立，跳出循环。

为了修改和值的错误，有两种不同的修改策略。

**策略一**：将 sum 初值赋为 1，这样第一次执行循环体语句时 sum＝1＋2＝3。因此，只需执行一次循环就可以满足题意要求，为做到这点，可将 i++<=n 改为 i++<n 即可。

**策略二**：保持 sum 的初始值不变，在第 6 行将 i++ 改为 i，这样表达式 i<=n 成立之后，执行循环体 sum＝sum+i 操作，sum 就是从 1 开始累加；为了保证 i 值不断递增，在 sum＝sum+i 之后，让 i++；最后当 i 等于 n 时，第 6 行表达式成立，再执行 sum＝sum+i，实现了 1＋2＋3＋...＋n 的迭代计算，接下来 i++ 的运算后，表达式 i<=n 不再成立。

**处理结果**：根据分析，可填空如下。

| 若有错，指出错误并修改 | 错误行号：4 | 应改为：int i=1,n,sum=1; |
|---|---|---|
| | 错误行号：6 | 应改为：while(i++<n) |

| 调试正确后的<br>运行结果 | 输出结果：<br>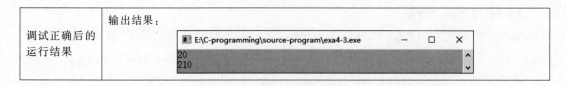 |
|---|---|

或

| 若有错，指出<br>错误并修改 | 错误行号：6 | 应改为：while(i≤n) |
|---|---|---|
| | 错误行号：7 | 应改为：sum＝sum＋i＋＋； |
| 调试正确后的<br>运行结果 | 输出结果： | |

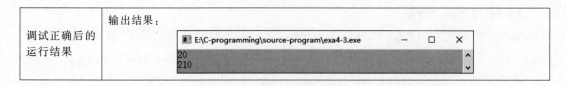

本题修改还存在其他方案，希望同学们可以用多种方式解决。

【范例 4】 编写程序

内容描述：有一数列为 1，1/3，2/5，3/7，5/9，8/11，…，求出这个序列前 20 项之和。

范例分析：为了求出前 20 项的和，首先需要求出每一项。对于分式，可分别找到分子、分母的变化规律，然后再计算分式结果。在本范例中，分子为 1，1，2，3，5，8，…，这是斐波那契数列；分母为 1，3，5，7，9，11，…，这是等差数列。

视频讲解

对于斐波那契数列，可利用递推式 $f(n)＝f(n-1)+f(n-2)$ 求解；对于等差数列，可用递推式 $g(n)＝g(n-1)+2$ 求解，也可利用通项式 $g(n)＝2*n-1$ 进行求解。程序流程如图 4-4 所示。

范例代码：根据上述分析，可编写代码如下。

```
int main()
{
    int i=3,n=20;
    float sum,den, num,num_1=1,num_2=1;
    sum=1+1.0/3;
    while(i<=n)
    {
        num=num_1+num_2;
        num_2=num_1;
        num_1=num;
        den=2 * i-1;
        sum+=num/den;
        i++;
    }
    printf("%f\n",sum);
    return 0;
}
```

运行结果：

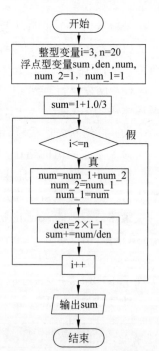

图 4-4 范例 4 程序流程图

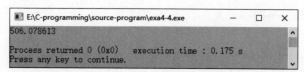

```
E:\C-programming\source-program\exa4-4.exe          —   □   ×
506.078613

Process returned 0 (0x0)    execution time : 0.175 s
Press any key to continue.
```

在范例代码中,i 表示项数,num 表示第 i 项的斐波那契数 f(i),num_1 表示 f(i−1),num_2 表示 f(i−2);den 表示等差数列(1,3,5,7,…)的第 i 项 g(i),sum 表示数列各项的求和。

**注**:1. 对于数列相关问题,可采用循环结构求解,求出每一项对应的递推式或通项式。若数列之间存在多种关系的组合(如上例中存在斐波那契数列和等差数列的组合),可分别求出各部分的关系,然后再进行组合处理。例如,2,4.5,9.333,16.25,25.2,…,可分别计算整数部分为项数的平方,小数部分为项数的倒数,即可按表 4-1 方式求解。

表 4-1　数列计算方式

| 项数 i | 1 | 2 | 3 | 4 | 5 | …… |
|---|---|---|---|---|---|---|
| 整数部分 f=i×i | 1 | 4 | 9 | 16 | 25 | …… |
| 小数部分 g=1.0/i | 1 | 0.5 | 0.333 | 0.25 | 0.2 | …… |
| 第 i 项的值 f+g | 2 | 4.5 | 9.333 | 16.25 | 25.2 | |

2. 为便于理解,可设置多个具有明确意义的变量,在循环体内按要求依次为各个变量重新赋值,有利于提升程序的可读性。

3. 在计算分数值时,由于分子分母均为整数,因为整数相除输出整数,为保留结果的小数部分,可将分子或分母乘以 1.0。

**【范例 5】**　编写程序

**内容描述**:有一球心在原点,半径为 n(n 为正整数)的球,请输出在球面上的、三维坐标均为正整数的点的坐标,以及满足要求的点的个数。

**范例分析**:假设满足条件的点的坐标为(x,y,z),则 $x^2+y^2+z^2=n^2$,由于 x、y、z、n 均为正整数,则 $1<=x,y,z<n$。为了找到复合条件的点,可以穷举出 x、y、z 所有可能的整数组合,然后判断 $x^2+y^2+z^2$ 是否等于 $n^2$。程序流程如图 4-5 所示。

**范例代码**:根据上述分析,可编写代码如下。

```c
#include<stdio.h>
int main()
{
    int x,y,z,n,i=0;
    scanf("%d",&n);
    for(x=1; x<n; x++)
```

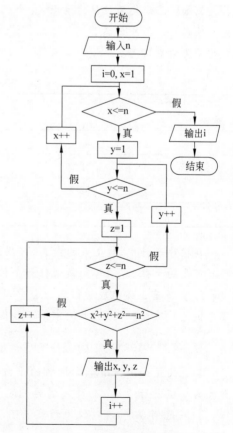

视频讲解

图 4-5　范例 5 程序流程图

```
        for(y=1; y<n; y++)                //第二层
            for(z=1; z<n; z++)
                if(x*x+y*y+z*z==n*n)
                {
                    printf("x=%d,y=%d, z=%d\n",x,y,z);
                    i++;
                }
    printf("%d\n",i);
    return 0;
}
```

运行结果：

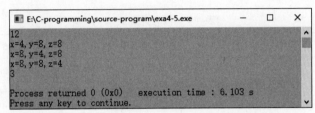

注：1. 穷举法是程序设计中常用的算法，其基本思想是用多重循环列举出多个变量的所有可能组合，并针对每一种组合，基于问题给出的约束条件进行判定。

例如：已知某两位数为素数，其个位和十位上的数字也为素数，请输出满足条件的数。

已知 0 到 9 中的素数有 2，3，5，7，可按表 4-2 所列组合得到两位数，然后依次判断每个数是否为素数即可。

表 4-2    素数组合

| 十位\个位 | 2 | 3 | 5 | 7 |
|---|---|---|---|---|
| 2 | 22 × | 23 √ | 25 × | 27 × |
| 3 | 32 × | 33 × | 35 × | 37 √ |
| 5 | 52 × | 53 √ | 55 × | 57 × |
| 7 | 72 × | 73 √ | 75 × | 77 × |

在程序设计中，按上表的方式，可用外层循环列举所有可能的十位数字，内层循环列举所有可能的个位数字，再判断十位和个位组合得到的数是否为素数。

2. 在多重循环组成的循环嵌套中，增加适当的判断，结合 break 语句的使用，可以减少程序执行的次数。例如，上例中第二层循环下可加上判定语句：

```
if(x*x+y*y>=n*n)    break;
```

其含义是如果前两个坐标值的平方就大于或等于半径的平方的话，该点肯定在球外。更大的 y 值或后续的 z 值均不需再判定。

3. 在范例 5 中，可以仅用两重循环，修改后代码如下。

```
#include<stdio.h>
```

```
#include<math.h>
int main()
{
    int x, y, z, n, i = 0;
    scanf("%d", &n);
    for (x = 1; x < n; x++)                 // 遍历所有可能的 x 和 y 值
    {
        for (y = 1; y < n; y++)             // 第二层循环
        {
            // 如果 x * x + y * y 大于或等于 n * n,跳出第二层循环
            if (x * x + y * y >= n * n)
                break;
            z = (int) sqrt(n - x * x - y * y);  // 计算 z 值,z 是满足条件的整数
            if (z * z == n - x * x - y * y)     // 如果 z * z 等于 n - x * x - y * y,则找到一个解
            {
                printf("x=%d, y=%d, z=%d\n", x, y, z);
                i++;                        // 增加解的计数
            }
        }
    }
    printf("总解数: %d\n", i);              // 输出解的总数
    return 0;
}
```

**【范例 6】** 编写程序

**内容描述**:输入两个正整数 a 与 b,求 a 与 b 的最大公约数和最小公倍数。

**范例分析**:假设 a>b,a 与 b 的最大公约数为 d,a/b 的余数为 c,可以确定 c 也是 d 的倍数,且 c 与 b 的最大公约数不会大于 d。基于此,可设计算法流程为:

(1) a 赋值给 m,b 赋值给 n;

(2) 若 m<n,mn 交换;

(3) 令 c 为 m 除以 n 的余数;

(4) 若 c 不等于 0,依次将 n 赋值给 m,c 赋值给 n,转至 3);

(5) 若 c 等于 0,则 n 为最大公约数,a×b/n 为最小公倍数。

上述求解最大公约数的方法叫作辗转相除法,也称欧几里得算法。程序流程如图 4-6 所示。

**范例代码**:根据上述分析,可编写代码如下。

```
#include<stdio.h>
int main()
{
    int a,b,m,n,c;
    scanf("%d,%d",&a, &b);
```

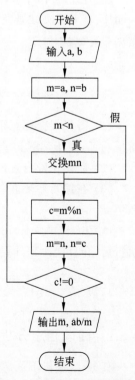

图 4-6　范例 6 程序流程图

视频讲解

```
    m=a,n=b;
    if(m<n)
    {
        m=m+n;
        n=m-n;
        m=m-n;
    }
    do
    {
        c=m%n;
        m=n;
        n=c;
    }while(c!=0);
    printf("GCD:%d,LCM:%d\n",m,a*b/m);
    return 0;
}
```

**运行结果：**

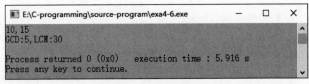

注：在求质因子、数制转换、公约数、水仙花数等相关问题时，具有相似的求解方式，包括相除、按要求处理后改变被除数（或被除数、除数都改变）、当被除数（或除数）为 0 时结束循环等类似操作。

# 4.4  注意事项

（1）需要根据题意正确设置循环条件，确保程序能够正常执行；还需尽量保证循环条件简单明了，便于理解和维护。

（2）需要正确设置好循环变量的初始值，并在循环中有效更新循环变量的值。

（3）在编写循环嵌套程序时，需要特别注意内外循环变量的关系，以及循环条件的设置和更新。

（4）break 和 continue 对应的是本层循环的处理。例如，当 break 语句在内层循环并被执行后，会直接跳到外层循环继续执行，而当其在最外层循环时，会跳出整个循环结构。

# 4.5  实践任务

## 4.5.1  阅读程序分析结果

任务 1. 编辑下面源程序，分析运行程序结果，然后运行程序，将执行结果与分析结果相对比，完成填空（假设用户运行三次分别输入 8、10、11）。

```
1    # include <stdio.h>
2    int main()
3    {
4        int a=3,b;
5        scanf("%d",&b);
6        while(b>0)
7            b-=a ;
8        a++;
9        printf("a=%d,b=%d\n",a,b);
10       return 0;
11   }
```

| 分析结果 | |
|---|---|
| 运行结果 | |

任务 2. 编辑下面源程序,分析运行程序结果,然后运行程序,将执行结果与分析结果相对比,完成填空。

```
1    # include <stdio.h>
2    int main()
3    {
4        int x,y;
5        for(y=1,x=1; y<=50; y++)
6        {
7            if(x==10)break;
8            if (x%2==1)
9            {
10               x+=5;
11               continue;
12           }
13           x-=3;
14       }
15       printf("%d\n",y);
16       return 0;
17   }
```

| 分析结果 | |
|---|---|
| 运行结果 | |

### 4.5.2  补充程序

要求:依据题目要求,分析已给出的语句,按要求填写空白。不要增行或删行、改动程序结构。

任务 1. 如果一个数的各位数的立方和等于它本身,则这样的数称为水仙花数。下列代码求取 100～999 中所有的水仙花数。

```c
1   #include <stdio.h>
2   int main()
3   {
4       int i,a,b,c;
5       for ( i=100; i<=999; i++)
6       {
7           a=i/100;
8           b=i/10%10;
9           c=_____;
10          if(_____)
11              printf("%5d",i);
12      }
13      return 0;
14  }
```

**任务 2.** 输入 1 个正整数 n，计算并输出 s 的前 n 项的和。

$$s = 1 - 1/2 + 1/3 - 1/4 + 1/5 - 1/6 + \cdots 。$$

```c
1   #include <stdio.h>      .
2   int main()
3   {
4       int k, flag, n;
5       float s;
6       flag=1;
7       s=0;
8       scanf("%d", &n);
9       for (k=1 ; k<=n; k++)
10      {
11          s=s+_____;
12          _____;
13      }
14      printf("sum=%f\n", s);
15      return 0;
16  }
```

**任务 3.** 为支持贫困山区教育，某公司每年均为山区爱心小学捐款，第一年捐款数为 a 万元，以后每年都比前一年多捐 b%。下面代码计算该公司前 10 年捐款总和，请将代码补充完整。

```c
1   #include <stdio.h>
2   int main()
3   {
4       double a ;                    // 第一年捐款数（以万元为单位）
5       double b ;                    // 增长百分比（例如 5%）
6       scanf("%lf",&a);
```

```
7        scanf("%lf",&b);
8        double totalDonation =0.0;      // 总捐款数
9        for (int year =1; year <=10; year++)
10       {
11           _____;                 // 将本年度的捐款累加到总捐款中
12           printf("第%d年捐款：%f 总捐款：%f\n", year, a, totalDonation);
13           // 计算下一年的捐款数(增加 b%)
14           a +=_____;
15       }
16       printf("前 10 年总捐款：%f\n", totalDonation);
17       return 0;
18   }
```

### 4.5.3  调试程序

要求：按任务要求判断调试运行下列程序是否正确，若有错，指出存在的问题，提出修改思路，编写正确代码，执行后填写正确的运行结果。

任务 1. 在文本编辑过程中，经常需要对文本的类别进行统计，便于进一步信息处理和分析。下列代码功能为：输入一段字符，找出其中大写字母、小写字母、空格、数字以及其他字符有多少个。

```
1    #include<stdio.h>
2    int main()
3    {
4        int uppercase=lowercase=empty=number=other=0;
5        char c;
6        do
7        {
8            c=getchar();
9            if(c>='a'&&c<='z')
10               lowercase++;
11           else if(c>='A'&&c<='Z')
12               uppercase++;
13           else if(c>='0'&&c<='9')
14               number++;
15           else if(c==' ')
16               empty++;
17           else
18               other++;
19       }while(c!='\n')
20       printf("这段文字中大写字母有%d\n",uppercase);
21       printf("这段文字中小写字母有%d\n",lowercase);
22       printf("这段文字中数字有%d\n",number);
23       printf("这段文字中空格有%d\n",empty);
24       printf("这段文字中其他字符有%d\t",other);
```

```
25        return 0;
26    }
```

| 存在问题 | |
|---|---|
| 修改思路 | |
| 正确代码 | |
| 运行结果 | |

任务 2. 下面程序的功能是求取并输出 10 到 100 之间的具有最多因子的数。

```
1    #include<stdio.h>
2    int main()
3    {
4        int i,j,k,n=0,max=0;
5        for(i=10;i<=100;i++)
6        {
7            for(j=1;j<=i;j++)
8                if(i%j==0)        //若是其因子
9                    n+=1;          //因子数加 1
10           if(max<n)
11               max=n;
12               k=i;
13       }
14       printf("10～100之间因子数最多的是%d,有%d个因子",k,m);
15       return 0;
16   }
```

| 存在问题 | |
|---|---|
| 修改思路 | |
| 正确代码 | |
| 运行结果 | |

### 4.5.4  编写程序

任务 1. 猜价格。要求猜对四件商品的价格(1～500 之间的整数),让用户输入他猜测的价格,系统提示猜高了还是猜低了。最后统计输出猜测的总次数。

**注**:价格随机生成,相关代码示例如下。

```
#include<stdlib.h>
#include<time.h>
……
    srand(time(0));
    a=rand()%500+1;              //变量 a 为随机生成的商品真实价格,可自行定义
```

任务 2. 编程求 S=1/1！＋1/2！＋1/3！＋…＋1/n！的值直到 1/n！＜＝e⁻⁶。

任务 3. 输入 a 和 n，求解 S＝a＋aa＋aaa＋…(n 个 a)的值。

任务 4. 编写程序实现用一元人民币换成一分、两分、五分的硬币共 50 枚。

任务 5. 100 匹马驮 100 担货，大马一匹驮 3 担，中马一匹驮 2 担，小马两匹驮 1 担。试编写程序计算大、中、小马的数目。

任务 6. 输入一个正整数，要求以相反的顺序输出该数。例如输入 12345，输出为 54321。

任务 7. 编程将一个正整数分解质因数。例如输入 90，打印出 90＝2×3×3×5。

任务 8. 某中学 2022 级 4 班同学组织去烈士陵园扫墓，已知该班学生数为 n，学生需要按每排 m 人排列整齐(5≤m≤10)，剩余的人数举旗(1 或 2 人)和敬献花篮(4 人)。请问每排多少人合适(班级人数 n 需用户输入)？

任务 9*. 输入自然数 n，计算 n 的阶乘 n! 从个位往前数有多少个连续的零。

任务 10*. A、B、C、D、E 五名学生有可能参加计算机竞赛，根据下列条件判断哪些人参加了竞赛：

(1) A 参加时，B 也参加；

(2) B 和 C 只有一个人参加；

(3) C 和 D 或者都参加，或者都不参加；

(4) D 和 E 中至少有一个人参加；

(5) 如果 E 参加，那么 A 和 D 也都参加。

# 第5章 数 组

数组是有序数据的集合,存储同一类型的数据元素,便于对数据进行处理和管理。相对于变量,使用数组可批量定义、管理、操纵多个同类数据对象(数组中的每个数据对象称为数组元素),例如定义数组存储和管理班级内 50 名学生的 C 语言考试成绩;定义数组存储图书馆所有的图书信息。如果要单独为每个学生成绩或每本图书信息定义一个变量进行存储和管理,仅是为变量命名合适的标识符都是件让人头疼的事情,还要记住这些变量名以便在程序中使用,这对程序员来说根本不可能实现,而且毫无效率。本章介绍数组的定义、数组元素的引用及数组初始化等知识,并通过范例讲解和实践任务训练,让读者掌握利用数组编程解决现实问题的基本方法和关键环节,能运用数组实现编程对象的高效管理,提高编程效率。

## 5.1 知 识 简 介

### 5.1.1 一维数组

**1. 定义**

一维数组默认为静态定义,基本方式如下。

**类型说明符 数组名[常量表达式];**

例如:int a[10];

(1)与变量命名要求一样,数组名必须符合标识符命名规则。

(2)类型说明符确定了每一个数组元素的类型,数组元素具有同类型变量一样的运算规则,占用同样大小的内存空间。

(3)常量表达式可以包含常量或符号常量。常量表达式定义了数组长度,即数组元素的个数。

(4)数组定义后,系统会为数组分配连续的存储空间,数组名代表数组的起始地址(称为**首地址**)。

在上例中,定义了长度为 10 的整型数组 a,系统将为 a 在内存中分配了能存储 10 个整型值的连续空间,a 代表空间的首地址。运行下列代码(部分)。

```
int a[10];
printf("%d,%o\n",sizeof(a),a);      //sizeof 为关键字,sizeof(a)为 a 的空间大小
                                    //%o 八进制输出 a 的值,对应数组首地址
```

运行结果如下:

```
40, 30376760
Process returned 0 (0x0)   execution time : 0.235 s
Press any key to continue.
```

**注**:数组静态定义是在对源程序进行编译时确定数组长度;数组动态定义是在程序运

行过程中确定数组长度。在 C99 标准及其之后的版本中,可以使用变量来定义数组的长度。这被称为变长数组,示例如下所示。

```
int n =5;
int a[n];
```

使用变长数组时,数组的长度在运行时确定,而不是在编译时确定。这意味着变长数组可以根据实际需要动态地分配空间,因此可以节省内存空间。

使用变长数组可能会导致栈溢出、内存泄漏等问题。因此,在使用变长数组时,需要特别注意数组长度的合法性以及内存使用情况,以避免出现潜在的问题。

### 2. 数组元素的引用

与变量一样,数组也必须先定义,后使用。数组常用的使用方式是对各个数组元素的引用。数组元素的引用形式如下。

**数组名[下标]**

对数组元素的引用需包含两个部分信息,一是数组名,代表数组的首地址;二是下标,代表从第一个元素开始,往后移动了几个元素。

数组中第一个元素的下标为 0,表示它从数组首地址开始往后移动 0 个元素。

(1) 下标可以是任何整型常量、整型变量或任何整型表达式。

例如:a[1]=a[2 * 3]+a[3−2];

(2) 数组定义的长度为 LEN,则下标的取值范围为 0~LEN−1。

例如,在 int a[10] 中,合法的数组元素对应为 a[0]~a[9]。

**注**:①C 语言标准并没有要求编译器必须对数组越界进行检查,因此是否进行数组越界检查是由具体的编译器实现决定的。GCC 编译器默认情况下不进行数组越界检查。可以使用编译选项“-Warray-bounds”来开启数组越界检查功能。

② 表达式 a[i] 的取值过程是先找到 a+i 的地址,然后再取得该地址中的值;由于 a+i 等于 i+a,因此表达式 a[i] 等价于 i[a]。例如 5[a]=15 可实现将数组 a 的第六个元素赋值为 15。但需注意,虽然 5[a] 等价于 a[5],但这种写法可能会让代码变得难以理解,因此不建议在实际编程中使用。

(1) 可以对数组元素赋值,数组元素也可以参与运算,具有与同类型变量一样的运算规则。

(2) 使用数值型数组时,不可以一次引用整个数组,只能逐个引用元素。

### 3. 初始化

数组的初始化是在定义数组的同时为部分或全部数组元素赋值。数组初始化在编译期进行,可以缩短程序运行的时间,能有效提高运行效率。

(1) 数组初始化时进行整体赋值,在赋值语句中只能为单个元素赋值。例如:

```
int a[10]={0,1,2,3,4,5,6,7,8,9};          //正确
int a[10];
a[10]={0,1,2,3,4,5,6,7,8,9};              //错误
```

(2) 可以只给一部分元素赋值。例如:

```
int a[10]={5,8,7,6};                      //后面没有赋值的元素值默认为 0
```

（3）对全部数组元素赋值时可以不指定数组长度。例如：

```
int a[10]={0,1,2,3,4,5,6,7,8,9};
int a[ ]={0,1,2,3,4,5,6,7,8,9};                        //二者等价
```

（4）定义数组时，既不赋初值，也不指定长度是错误的。例如：

```
int a[];                                               //错误
```

## 5.1.2　二维数组

二维数组定义的一般形式为：

**类型说明符 数组名[常量表达式 1][常量表达式 2];**

常量表达式 1 常称为二维数组的行数，常量表达式 2 常称为二维数组的列数。

例如：int a[3][4];

a 是 3 行 4 列的二维数组；a 也可以看成是包含 3 个元素的一维数组，每个元素又是含 4 个元素的一维数组。a 中一共包含 3×4＝12 个元素，分别为：

$$a[0][0],\quad a[0][1],\quad a[0][2],\quad a[0][3]$$
$$a[1][0],\quad a[1][1],\quad a[1][2],\quad a[1][3]$$
$$a[2][0],\quad a[2][1],\quad a[2][2],\quad a[2][3]$$

（1）与一维数组一样，元素下标可以是任何整型常量、整型变量或任何整型表达式。

（2）二维数组可以在定义的同时整体赋值。例如：

```
int a[3][4]={{1,2,3,4},{5,6,7,8},{9,10,11,12}}        //正确
int a[3][4];
a[3][4]={{1,2,3,4},{5,6,7,8},{9,10,11,12}};           //错误
```

（3）可以把所有数据写在一个花括号内。例如：

```
int a[3][4]={1,2,3,4,5,6,7,8,9,10,11,12};
```

（4）可以只对部分元素赋值。例如：

```
int a[3][4]={{1},{5},{9}};                            //其余未赋值的元素默认为 0
int a[3][4]={{1},{5,6}};                              //与下一行初始化结果等价
int a[3][4]={{1,0,0,0},{5,6,0,0},{0,0,0,0}};
```

（5）对全部数组元素赋值时可以省略第一维长度，第二维不可以省略。例如：

```
a[3][4]={{1,2,3,4},{5,6,7,8},{9,10,11,12}};           //与下面两行初始化结果等价
a[][4]={{1,2,3,4},{5,6,7,8},{9,10,11,12}};
a[][4]={1,2,3,4,5,6,7,8,9,10,11,12};
```

## 5.1.3　字符数组

**1. 一维字符数组的定义及初始化**

一维字符数组的定义形式为：

char 数组名[常量表达式]

例如：

char a[10];                                          //字符数组 a 长度为 10

(1) 每个元素只能存放一个字符。例如：

a[0]='h';a[1]='e';a[2]='l';…

(2) 一维字符数组有更多的初始化形式。例如：

```
char a[]={'h','e','l','l','o'};
char a[]="hello";
char a[]={"hello"};
```

**注**：因为字符串结尾自动加'\0'，所以 char a[]="hello";长度为 6,不是 5。

(3) C 语言中没有字符串变量,字符串的输入、存储、处理和输出等必须通过字符数组实现。

**2. 字符串的输入**

scanf()函数的相关内容如下所示。

(1) 可以用%c 逐个字符输入。例如：

```
char a[10];
for(i=0;i<10;i++)
    scanf("%c",&a[i]);
```

(2) 可以用%s 以字符串的形式输入。例如：

```
char a[10];
scanf("%s",a);
```

**注**：① a 前不用加 &,因为 a 是数组名,为数组首地址。

② 以%s 输入时,从第一个非空白字符开始,到第一个空白字符终止,例如,输入 Hello world 时,只得到 Hello。

gets()函数的相关内容如下所示。

(1) gets()函数调用方式为：gets(数组名);

(2) 作用：输入一个字符串,与 scanf();功能一致,但空格和回车都存放在数组中,最后自动加入'\0'。不会出现上面输出不全的情况。

**3. 字符串的输出。**

printf()函数的相关内容如下所示。

(1) 可以使用%C 逐个字符输出,例如：

```
char a[10];
for(i=0;i<10;i++)
    printf("%c",a[i]);
```

(2) 可以用%s 以字符串的形式输出。例如：

```
char a[10];
```

```
printf("%s",a);
```

puts( )函数的相关内容如下所示。

(1) puts( )函数调用形式：puts(字符数组名或字符串常量)；

(2) 输出一个字符串,结尾自动换行。

**注**：gets( )函数和 puts( )函数需包含头文件"stdio.h"

**4. 常用的字符串处理函数(需包含头文件"string.h")**

(1) strlen( )：测试字符串长度(不包括'\0')。调用方式：

```
strlen(数组名或字符串常量)
```

(2) strcat( )：连接两个字符串。调用方式：

```
strcat (字符数组 1,字符数组 2);
         //结果存放在字符数组 1 中
```

(3) strcmp( )：比较两个字符串是否相等。调用方式：

```
strcmp (字符串 1,字符串 2);
         //相等时值为 0。字符串 1>字符串 2 时为正数。字符串 1<字符串 2 时为负数。
```

(4) strcpy( )：复制字符串。调用方式：

```
strcpy (字符数组 1,字符串 2);
         //字符串 2 的内容复制到字符数组 1 中。字符数组 1 的位置只能是字符数组名。
```

## 5.2　实　践　目　的

(1) 能深入理解同类型数据对象批量定义的方式,准确分析含有数组元素引用的程序运行结果,判别数组定义、元素引用相关代码的对错,辨识程序优缺点。

(2) 针对多个同类数据对象的表示与使用问题,能通过定义数组,并高效引用数组元素,设计程序流程。

(3) 能够结合选择、循环控制语句,实现对数组元素的操纵,针对程序设计问题中的批量数据处理等问题进行编码实现。

## 5.3　实　践　范　例

**【范例 1】** 阅读程序分析结果

要求：编辑下面源程序,分析运行程序结果,然后运行程序,将执行结果与分析结果相对比,完成填空。

视频讲解

```
1    #include<stdio.h>
2    int main()
3    {
4        int n[4]={0},t,j,k=3;
5        for(t=0; t<k; t++)
```

```
6          for(j=0; j<4; j++)
7              n[j]=n[t]+j;
8      for(t=0; t<4; t++)
9          printf("%4d",n[t]);
10     printf("\n");
11     return 0;
12  }
```

| 分析结果 | |
|---|---|
| 运行结果 | |

　　**范例分析**：本范例考查循环嵌套的执行顺序，以及循环执行过程中数组元素的取值和赋值操作。

　　程序初始化时让数组每个元素为 0，在循环嵌套中为数组元素赋值，最好通过一重循环输出数组元素。在循环嵌套的内层循环中，内层循环变量作为下标的数组元素值会被重新赋值，其值等于内层循环变量值加上当前外层循环变量作为下标的数组元素值。需要注意的是，当内层循环变量和外层循环变量相等时，外层循环变量作为下标的数组元素值会发生变化。数组元素数值变化情况如图 5-1 所示。

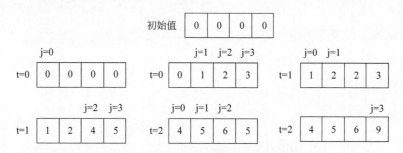

**图 5-1　范例 1 数组元素值变化示意图**

　　**处理结果**：按照以上分析，可完成如下作答。

| 分析结果 | 首先，数组 n[4]初始化为每个元素赋值为 0，k 值初始化为 3；<br>然后，两层循环嵌套(第 5~7 行)中的外层循环变量 t 取值为 0、1、2，内层循环变量 j 为 0 到 3。<br>当 t=0 时，a[0]=0，a[1]到 a[3]在 a[0]基础上分别加上各自的下标，得到 1,2,3；<br>当 t=1 时，a[0]=a[t]=1，a[1]=a[1]+1=2，然后 a[2]和 a[3]等价于 a[1]+2=4，a[1]+3=5；<br>当 t=2 时，a[0]=a[2]=4，a[1]=a[2]+1=5，a[2]=a[2]+2=6，a[3]=a[2]+3=6+3=9。最后，输出数组各元素的值，分别为 4,5,6,9 |
|---|---|
| 运行结果 | 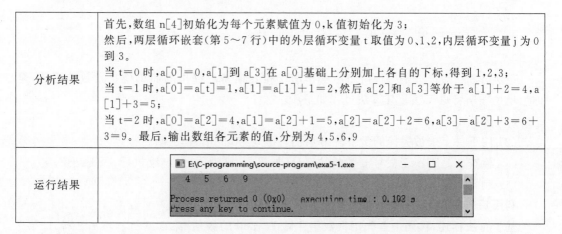 |

　　**【范例 2】** 补充程序

　　下面代码功能为：筛选法求 1~200 间的素数。请将代码补充完整。不要增行或删行、改动程序结构。

```c
1    #include<stdio.h>
2    int main()
3    {
4        int a[201],i,j;
5        for(i=1; i<=200; i++)
6            a[i]=i;                          //为数组赋初值
7        a[1]=0;                              //先去掉 a[1]
8        for(i=2; i<15; i++)
9        {
10           if(!a[i])
11               _____;
12           for(j=i+1; j<=200; j++)
13               if(_____)
14                   a[j]=0;
15       }
16       int n;
17       for(i=2,n=0; i<=200; i++)
18       {
19           if(_____)
20           {
21               printf("%5d",a[i]);
22               n++;
23           }
24           if(n==10)
25           {
26               printf("\n");
27               n=0;                         //一次完成之后初始化
28           }
29       }
30       return 0;
31   }
```

**范例分析**：筛选法是一种由希腊数学家埃拉托斯特尼提出的简单检定素数的算法，全称为埃拉托斯特尼筛法。其算法过程如下所示。

（1）去掉 1；

（2）用下一个未被去掉的数 p 除 p 后面各数，把 p 的倍数去掉；

（3）检查 p 是否小于根号 n 的整数部分，如果是，则返回（2）继续执行，否则结束；

（4）剩下的就是素数。

利用筛选法找到 1～30 中的素数过程如图 5-2 所示。

基于算法描述，代码中首先定义数组存储 1～200 的数值（第 5、6 行），然后去掉 1（第 7 行）。接下来要实现的功能是，对于 i 从 2 到 14（小于根号 200，第 8 行），若 a[i] 已被去掉则结束本次循环（第 10、11 行，本算法中，去掉某数字就是将对应数组的元素赋值为 0）；否则

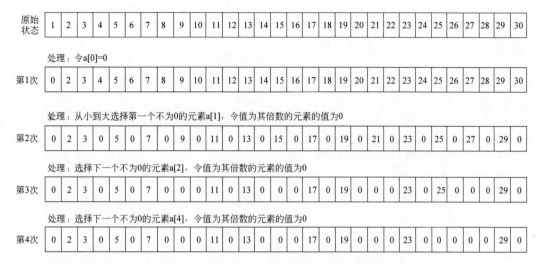

**图 5-2 筛选法求 1～30 素数过程示意图**

转向内层循环(第 12～14 行),去掉是 a[i]倍数的元素(第 13、14 行),然后转到 a[i+1]再重复执行前面的操作。

在第一个空(第 11 行),不执行后续代码而跳转到 i+1 的操作,可用关键字 continue;第二个空(第 13 行)为让 a[j]赋值为 0 的条件,其核心关键是 a[j]能整除 a[i];第三个空(第 19 行)需填写输出 a[i]的条件,应该是 a[i]未被去掉,即 a[i]不为 0。

**处理结果**:根据上述分析,可补充填空为 continue、a[j]!＝0 && (a[j]%a[i]＝＝0)、a[i]!＝0。补充代码后,程序运行结果如下。

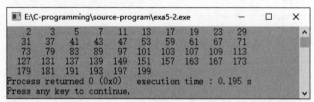

**注**:上面的代码存在可以优化的地方,即当 a[i]不为 0 时,只需将 200 以内的 a[i]的倍数直接赋值为 0 即可。代码为 for(j=2,k=200/i;j<=k;j++) a[i*j]=0;。

【**范例 3**】 调试程序

要求:用户输入字符串 b,与程序制定的字符串 a 比较大小,输出比较结果。分析已给出的语句,要求判断调试运行该程序是否正确,若有错,写出错在何处,并填写正确的运行结果。不要增行或删行、改动程序结构。

```
1    #include <stdio.h>
2    #include <string.h>
3    int main()
4    {
5        char a[10]="beijing",b[10];
6        int i;
7        gets(b);
```

```
8          printf("a=%s,b=%s\n",a,b);
9          for(i=0;a[i]!='\0'&&b[i];i++)
10             if(a[i]>b[i])
11             {
12                 printf("a:%s >b:%s\n",a,b);
13                 break;
14             }
15             else if(a[i]<b[i])
16             {
17                 printf("a:%s <b:%s\n",a,b);
18                 break;
19             }
20         if(a[i])
21             printf("a:%s >b:%s\n",a,b);
22         else if(b[i])
23             printf("a:%s <b:%s\n",a,b);
24         else
25             printf("a:%s ==b:%s\n",a,b);
26         return 0;
27     }
```

| 若有错,指出错误并修改 | 错误行号: | | 应改为: | |
|---|---|---|---|---|
| | 错误行号: | | 应改为: | |
| | 错误行号: | | 应改为: | |
| 调试正确后的运行结果 | 输出结果: | | | |

**范例分析**：本范例考查字符数组/字符串操作的常见功能实现,C 语言 string.h 中的库函数读者可以尝试自己编码实现其功能。上述程序仿照 strcmp()函数实现两个字符串的大小比较,比较方法如下。

(1) 比较字符串中的第一个字符。如果它们相同,且都存在未比较的字符,则继续比较下一个字符,直到找到不同的字符。

(2) 如果找到不同的字符,则比较字符 ASCII 码的大小,ASCII 码较大的字符串大,ASCII 码较小的字符串小。比较结束,输出结果。

(3) 若其中一个字符串已经结束,而另一个字符串还有未比较的字符,则另一个串较大。

(4) 如果两个串同时结束且前面的字符按下标对应相同,则认为它们相等。

通过分析,在8～18 行的循环中,若两个字符不相等时,输出结果后应结束程序,而不仅是跳出循环(跳出循环后会执行后面的 if 语句,可能导致输出错误)。

**处理结果**：根据分析,可完成填空如下。

| 若有错，指出错误并修改 | 错误行号：12 | 应改为：return 0; |
| --- | --- | --- |
| | 错误行号：17 | 应改为：return 0; |
| | 错误行号： | 应改为： |
| 调试正确后的运行结果 | 输出结果：（输入 bei jing） | |

```
■ E:\C-programming\source-program\exa5-3.exe          —   □   ×
bei jing
a=beijing,b=bei jing
a:beijing  >  b:bei jing

Process returned 25 (0x19)    execution time : 11.090 s
Press any key to continue.
```

【范例 4】 编写程序

**范例描述**：某班有 56 名学生，年龄在 18 岁到 24 岁之间，整型数组 age[70]按学号从小到大的顺序存储每名同学的年龄。请编程统计每个年龄的人数并输出。

**范例分析**：对于上述问题，需要进行以下步骤来求解。

视频讲解

（1）**数据准备**：确定输入输出。输入可包括班级总人数（56 人）、年龄范围（18 岁到 24 岁）以及每个学生的年龄。输出是每个年龄的人数统计。

（2）**数据结构的选择**：考虑年龄是有限的整数范围（18 岁到 24 岁），可使用一维整型数组来表示每个年龄的人数统计。同时，需要一维整型数组来存储每个学生的年龄数据。

（3）**初始化计数数组**：在开始统计之前，需要将用于统计每个年龄人数的数组中的元素初始化为 0。

（4）**输入数据并统计**：循环输入每个学生的年龄数据，同时进行统计。假设输入的第 i 个学生的年龄 age[i]的值为 20，则统计时需要将 count[20−18]的值加 1，即 count[20−18]++。由于不能确定用户输入的 age[i]的值的大小，因此 count[20−18]++中的 20 需要用 age[i]代替，统计语句应改为 count[age[i]−18]++；

（5）**输出结果**：完成统计后，需要遍历计数数组，输出每个年龄的人数统计结果。

**范例代码**：根据上述分析，可编写代码如下所示。

```
1   #include <stdio.h>
2   int main()
3   {
4       int age[70];                              // 声明整型数组用于存储学生年龄
5       int n =56;                                // 学生总数
6       int minAge =18;                           // 最小年龄
7       int maxAge =24;                           // 最大年龄
8       int ageRange =maxAge -minAge +1;          // 年龄范围
9       int count[ageRange];                      // 声明计数数组
10      for (int i =0; i <ageRange; i++)          // 初始化计数数组
11          count[i] =0;
12      // 输入学生年龄并统计每个年龄的人数
13      printf("请输入 %d 名学生的年龄(%d 岁到%d 岁): \n", n, minAge, maxAge);
14      for (int i =0; i <n; i++)
15      {
```

```
16          scanf("%d", &age[i]);
17          if (age[i] >=minAge && age[i] <=maxAge)
18              count[age[i] -minAge]++;
19          else
20              printf("年龄不在范围内：%d 岁\n", age[i]);
21      }
22      printf("年龄统计结果如下：\n");
23      for (int i = 0; i <ageRange; i++)        // 输出每个年龄的人数
24          printf("%d 岁：%d 人\n", i +minAge, count[i]);
25      return 0;
26  }
```

运行结果：

```
E:\C-programming\source-program\exa5-4.exe        —    □    ×
请输入 56 名学生的年龄（年龄范围：18岁到24岁）：
19 23 18 22 19 22 23 18 19 24 21 20 23
22 22 23 22 20 21 24 23 23 21 22 22 21
18 22 23 23 21 22 24 19 20 22 21 20
19 20 22 21 23 22 21 20 22 22 21 23 21 20
年龄统计结果如下：
18岁：3人
19岁：4人
20岁：8人
21岁：12人
22岁：16人
23岁：10人
24岁：3人

Process returned 0 (0x0)    execution time : 142.665 s
Press any key to continue.
```

视频讲解

【范例 5】 编写程序

**范例描述**：在工程、科学、经济等领域中，许多问题能抽象为线性方程组（即多元一次方程组）的求解，包括生产计划问题、坐标几何问题、电路分析问题、线性回归问题等。高斯消元法是求解线性方程组的经典方法，其基本思路如下。

（1）将线性方程组的系数矩阵与常数向量合并成增广矩阵。

（2）通过一系列基本行变换（交换两行、某一行乘以一个非零常数、某一行加上另一行的若干倍），将增广矩阵转化为行阶梯矩阵。

（3）从最后一行开始，逐步回代求解每个未知数的值。

求解过程示例如图 5-2 所示。

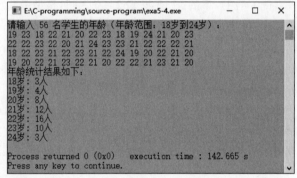

图 5-2 高斯消元法求解过程示例

请基于上述介绍，编程实现高斯消元法求解线性方程组。

**范例分析**：根据高斯消元法的描述和示例介绍，可设计算法主体框架如下。

（1）读入方程组的未知数个数 n 和增广矩阵 $a(n \times (n+1))$ 的各元素。

（2）对增广矩阵进行高斯消元，得到上三角形矩阵。

（3）利用上三角形矩阵进行回代求解，得到方程组的解。

(4) 输出方程组的解。

对于步骤(1)，可在输入 n 之后，用 n×(n+1)的循环嵌套实现二维数组 a[n][n+1]中元素输入；

对于步骤(2)，包括 n-1 步消元(外部循环 n-1 次)。下面用 k 作为外层循环变量，代表对第几个未知数系数进行消元，也就是 a 中的列。k 的取值范围为 0 到 n-2。

当 k=0 时，进行第 1 步消元。① 若 a[0][0]不为 0 直接转向②；否则找到满足 a[i][0]不为 0 的最小行 i，然后让第 0 行的数据和第 i 行数据交换，转向②；若找不到则输出无解，退出程序。② 对于第 i 行(1≤i≤n-1)，令 f=a[i][0]/a[0][0]，并对数组 a 的第 i 行第 j 列元素重新赋值：a[i][j] -=f* a[0][j]。

当 k 依次增加时，按照 k 等于 0 的做法进行消元。① 若 a[k][k]不为 0 直接转向②；否则从 k+1 行开始找到满足 a[i][k]不为 0 的最小行 i，然后让第 k 行的数据和第 i 行数据交换，转向②；若找不到则输出无解，退出程序。② 对于第 i 行(k+1≤i≤n-1)，令 f=a[i][k]/a[k][k]，并对数组 a 的第 i 行第 j 列(j>k)的元素重新赋值：a[i][j] -=f* a[k][j]。

对于步骤(3)，从第 n-1 行到第 0 行依次求出每个未知数的解。

① 第 n 个未知数的解 $x[n-1]=a[n-1][n]/a[n-1][n-1]$；

② $x[n-2]=(a[n-2][n]- x[n-1] * a[n-2][n-1])/a[n-2][n-2]$；

③ $x[i] = \left( a[i][n] - \sum_{j=i+1}^{n-1} x[j] * a[i][j] \right) /a[i][i]$,  $n-3 \leqslant i \leqslant 0$。

**范例代码**：根据上述分析，可编写代码如下所示。

```
1   #include <stdio.h>
2   #define MAX_ROW 10                  // 方程组的最大行数
3   #define MAX_COL 11                  // 方程组的最大列数(含常数项)
4   int main()
5   {
6       int n;                          // 方程组的未知数个数
7       double a[MAX_ROW][MAX_COL];     // 增广矩阵
8       double x[MAX_ROW];              // 方程组的解
9       int i, j, k;
10      // 输入方程组
11      printf("请输入方程组的未知数个数: ");
12      scanf("%d", &n);
13      printf("请输入增广矩阵各元素(每行输入%d个数,以空格分隔): \n", n +1);
14      for (i =0; i <n; i++)
15          for (j =0; j <n +1; j++)
16              scanf("%lf", &a[i][j]);
17      for (k =0; k <n-1; k++)          // 高斯消元
18      {
19          // 查找非零主元素
20          int flag =0;                 // 标记是否找到非零主元素
21          for (i =k; i <n; i++)
22          {
23              if (a[i][k] !=0)
```

```
24                {
25                    flag =1;
26                    break;
27                }
28            }
29            if (flag ==0)
30            {
31                printf("第%d列元素全为 0,无法计算\n", k +1);
32                return 0;
33            }
34            if (i !=k)                          // 若找到非零主元素,则交换第 i 行和第 k 行
35            {
36                for (j =0; j <n +1; j++)
37                {
38                    double temp =a[k][j];
39                    a[k][j] =a[i][j];
40                    a[i][j] =temp;
41                }
42            }
43            for (i =k +1; i <n; i++)
44            {
45                double factor =a[i][k] / a[k][k];
46                for (j =k; j <n +1; j++)
47                a[i][j] -=factor * a[k][j];
48            }
49        }
50        for (i =n -1; i >=0; i--)            // 回代求解
51        {
52            x[i] =a[i][n];
53            for (j =i +1; j <n; j++)
54                x[i] -=a[i][j] * x[j];
55            x[i] /=a[i][i];
56        }
57        // 输出解
58        printf("方程组的解为: \n");
59        for (i =0; i <n; i++)
60            printf("x%d =%.2f\n", i +1, x[i]);
61        return 0;
62    }
```

**运行结果:**

## 5.4 注意事项

（1）C语言中数组下标从0开始而不是从1开始，需要注意使用正确的数组下标。

（2）在访问数组元素时，需要确保不超出数组的范围。访问越界的数组元素可能会导致程序崩溃或者产生错误结果。

（3）在定义数组时，可以对其进行初始化。如果没有初始化数组，则数组元素可能包含随机值。

（4）使用C语言提供的字符串函数时，都会在字符串后添加空字符标记字符串结束。存储字符串时，需保证有足够空间存储字符串及最后的空字符。

## 5.5 实践任务

### 5.5.1 阅读程序分析结果

任务1.编辑下面源程序，分析运行程序结果，然后运行程序，将执行结果与分析结果相对比，完成填空。

```
1   #include<stdio.h>
2   int main()
3   {
4       int a[15]={1,4,3,4,4,2,3,5,3,2,5,4};
5       int n=0,i,j,k,m=15;
6       for(i=0; i<m-n; i++)
7       {
8           for(j=i+1; j<m-n; j++)
9               if(a[j]==a[i])
10              {
11                  for(k=j; k<m-n; k++)
12                      a[k]=a[k+1];
13                  n++;
14                  j--;
15              }
16      }
17      for(i=0; i<m-n; i++)
18          printf("%3d",a[i]);
19      printf("\nA total of %d data entries were deleted",n);
20      return 0;
21  }
```

| 分析结果 | |
|---|---|
| 运行结果 | |

任务 2. 编辑下面源程序,分析运行程序结果,然后运行程序,将执行结果与分析结果相对比,完成填空。

```
1    #include<stdio.h>
2    int main()
3    {
4        int k,i;
5        int a[4][4];
6        for(i=0;i<4*4;i++)
7            a[i/4][i%4]=4*4-i;
8        for (k=0; k<4; k++)
9            printf("%d \n",a[k][3-k]);
10       return 0;
11   }
```

| 分析结果 | |
|---|---|
| 运行结果 | |

任务 3. 编辑下面源程序,分析运行程序结果,然后运行程序,将执行结果与分析结果相对比,完成填空。

```
1    #include<stdio.h>
2    #include<string.h>
3    int main()
4    {
5        char a[10]="abcdefg",b[]="abcdefg";
6        int i,j;
7        i=strlen(a);
8        j=sizeof(a);
9        printf("%d  %d\n",i,j);
10       i=strlen(b);
11       j=sizeof(b);
12       printf("%d  %d\n",i,j);
13       return 0;
14   }
```

| 分析结果 | |
|---|---|
| 运行结果 | |

### 5.5.2 补充程序

要求:依据题目要求,分析已给出的语句,按要求填写空白。不要增行或删行、改动程序结构。

任务 1. 下列代码实现的功能为:在非递减整数序列中的合适位置插入一个整数,需满足该序列依旧有序。请在画线的位置填空。

```c
1    #include <stdio.h>
2    #define MAX_SIZE 100
3    int main()
4    {
5        int nums[MAX_SIZE];
6        int size, i;
7        int num_to_insert;
8        printf("请输入序列的大小: ");
9        scanf("%d", &size);
10       printf("请输入序列的元素(非递减): ");
11       for (int i = 0; i < size; i++)
12           scanf("%d", &nums[i]);
13       printf("请输入要插入的数字: ");
14       scanf("%d", &num_to_insert);
15       // 下面代码实现插入数字并保持有序
16       for(i = size - 1; i >= 0 && _____; i--)
17           nums[i+1] = nums[i];
18       _____;
19       size++;
20       // 输出结果
21       printf("插入后的序列: ");
22       for (int i = 0; i < size; i++)
23           printf("%4d ", nums[i]);
24       printf("\n");
25       return 0;
26   }
```

任务2. 有20名选手参加歌唱比赛, 选手从1号到20号依次比赛。每个选手比赛完成后由10位评委进行打分, 在去掉一个最高分和一个最低分后, 得到该选手的得分。所有选手比赛完成后, 得分最高的选手为冠军选手。下面程序实现了冠军选手的选择, 输出冠军选手的编号, 请在画线的位置填空。

```c
1    #include <stdio.h>
2    #define NUM_PLAYERS 20
3    #define NUM_JUDGES 10
4    int main()
5    {
6        int scores[NUM_PLAYERS][NUM_JUDGES];
7        int total_scores[NUM_PLAYERS] = {0};
8        int highest_score = 0;
9        int champion_index = 0;
10       for (int i = 0; i < NUM_PLAYERS; i++)
11       {
12           printf("请输入第%d位选手的得分: \n", i + 1);
```

```
13          for (int j = 0; j < NUM_JUDGES; j++)
14              scanf("%d", &scores[i][j]);
15      }
16      // 下面代码计算总得分
17      for (int i = 0; i < NUM_PLAYERS; i++)
18      {
19          int max_score = 0, min_score = 100;
20          for (int j = 0; j < NUM_JUDGES; j++)
21          {
22              if (_____)
23                  max_score = scores[i][j];
24              if (scores[i][j] < min_score)
25                  _____;
26              total_scores[i] += scores[i][j];
27          }
28          total_scores[i] -= max_score + min_score;
29      }
30      // 下面选择冠军选手
31      for (int i = 0; i < NUM_PLAYERS; i++)
32          if (total_scores[i] > highest_score)
33          {
34              highest_score = total_scores[i];
35              _____;
36          }
37      printf("冠军选手编号: %d\n", champion_index + 1);
38      return 0;
39  }
```

任务 3. 在信息时代,经常需要在某些文档中查找一些句子或关键词是否存在,如果存在还需定位。假设有字符串 A 和字符串 B,需要查找 B 在 A 中的位置,称 A 为主串,B 为模式串。BF(Brute Force)算法处理如下:i 和 j 分别为主串和模式串的第一个字符的下标,然后进行字符匹配,如果匹配成功,则继续比较下一个字符(同时增加 i 和 j);如果匹配失败,则将主串下标 i 回溯到上次匹配的下一个位置,模式串指下标 j 重置为 0,重新开始匹配。如果模式串成功匹配完,则返回模式串在主串中的起始位置;如果匹配失败,就返回 −1。下列代码实现了上述功能,请在画线的位置填空。

```
1   #include <stdio.h>
2   #include <string.h>
3   int main()
4   {
5       char s[100], p[100];
6       int i = 0, j = 0, pos = -1;
7       // 输入主串和模式串
8       printf("请输入主串: ");
9       gets(s);
```

```
10        printf("请输入模式串: ");
11        _____;
12        // BF 算法
13        while (s[i] !='\0' && p[j] !='\0')
14        {
15            if (s[i] ==p[j])          // 当前字符匹配成功,继续比较下一个字符
16            {
17                i++;
18                j++;
19            }
20            else                      // 匹配失败,i 回溯到上次匹配的下一个位置,j 重置为 0
21            {
22                _____ ;
23                j =0;
24            }
25        }
26        if (p[j] == '\0')             // 匹配成功,返回子串在主串中的起始位置
27            _____ ;
28        // 输出查找结果
29        if (pos ==-1)
30            printf("在主串中未找到模式串!\n");
31        else
32            printf("在主串中找到了模式串,起始位置为 %d\n", pos);
33        return 0;
34  }
```

### 5.5.3  调试程序

要求:按任务要求判断调试运行下列程序是否正确,若有错,指出存在的问题,提出修改思路,编写正确代码,执行后填写正确的运行结果。

任务 1. 某高校有两百名师生志愿者参与暑假"三下乡"活动,为便于识别身份,每人身后要粘贴一张号码牌,编号从 100 到 299。办公室小张负责号码牌制作工作,但在从打印社返校途中,装号码牌的袋子不小心被刮破,又因风大,只找回了 195 张号码牌。现需快速找出丢失的 5 张号码牌上面的号码,以便重做。下面程序用于找出丢失的号码(为便于检查运行结果,下面的程序将 200 人改为了 20 人,号码从 100 到 119)。

```
1   #include <stdio.h>
2   #define N 20
3   int main()
4   {
5       int num[N]={0};
6       int miss[5] ={0};
7       int i, input_num,missing_count =0;
8       for (i =0; i <N-5; i++)     // 输入已找到的号码牌
9       {
```

```
10          scanf("%d", &input_num);
11          num[input_num-100]=1;
12      }
13      for (i =0; i <N; i++)          // 查找丢失的号码牌
14      {
15          if (num[i] ==0)
16          {
17              miss[missing_count]=i+100;
18              missing_count++;
19          }
20          if (missing_count ==5)
21              break;
22      }
23      for(i=0; i<5; i++)
24          printf("%5d",miss[i]);
25      return 0;
26  }
```

| 存在问题 | |
|---|---|
| 修改思路 | |
| 正确代码 | |
| 运行结果 | |

任务 2. 下面是实现矩阵乘法的程序，矩阵乘法计算示例如下所示。

$$A = \begin{bmatrix} a_{11} & a_{12} & a_{13} \\ a_{21} & a_{22} & a_{23} \end{bmatrix} \quad B = \begin{bmatrix} b_{11} & b_{12} \\ b_{21} & b_{22} \\ b_{31} & b_{32} \end{bmatrix}$$

$$C = AB = \begin{bmatrix} a_{11} \times b_{11} + a_{12} \times b_{21} + a_{13} \times b_{31} & a_{11} \times b_{12} + a_{12} \times b_{22} + a_{13} \times b_{32} \\ a_{21} \times b_{11} + a_{22} \times b_{21} + a_{23} \times b_{31} & a_{21} \times b_{12} + a_{22} \times b_{22} + a_{23} \times b_{32} \end{bmatrix}$$

```
1   #include <stdio.h>
2   int main()
3   {
4       int a[2][3]={{1,2,3},{3,2,1}}, b[3][2]={{1,0,1},{0,1,1}};
5       int c[2][2],i,j,k,n=2,m=3;
6       // 计算矩阵乘积 c =a×b
7       for (i =0; i <n; i++)
8           for (j =0; j <n; j++)
9           {
10              c[i][j] =0;
11              for (k =0; k <m; k++)
12                  c[i][j] +=a[i][k] * b[k][j];
13          }
```

```
14        // 输出结果
15        printf("矩阵 a: \n");
16        for (i = 0; i < n; i++)
17        {
18            for (j = 0; j < m; j++)
19                printf("%d ", a[i][j]);
20            printf("\n");
21        }
22        printf("矩阵 b: \n");
23        for (i = 0; i < m; i++)
24        {
25            for (j = 0; j < n; j++)
26                printf("%d ", b[i][j]);
27            printf("\n");
28        }
29        printf("矩阵 c = a * b: \n");
30        for (i = 0; i < n; i++)
31        {
32            for (j = 0; j < n; j++)
33                printf("%d ", c[i][j]);
34            printf("\n");
35        }
36        return 0;
37    }
```

| 存在问题 | |
|---|---|
| 修改思路 | |
| 正确代码 | |
| 运行结果 | |

### 5.5.4 编写程序

任务 1. 采用选择法对整数数组中的元素按从小到大的顺序排序。

提示：选择法一般指简单选择排序算法，这是一种常用的排序方法。简单选择排序的基本思想：比较＋交换。算法描述如下：

(1) 从待排序序列中，找到关键字最小的元素；

(2) 如果最小元素不是待排序序列的第一个元素，将其和第一个元素互换；

(3) 从余下的 N−1 个元素中，找出关键字最小的元素，重复(1)、(2)步，直到排序结束。

任务 2. 一个数如果恰好等于它的因子(不包括自身)之和，这个数就称为完数。例如，6＝1＋2＋3。编程找出 1000 以内的所有完数并输出其因子。

任务 3. 有一浮点型二维数组 A[5][5]，其中元素值由用户输入。现有另一个浮点型数组 B[5][5],其元素的值定义如下：

$$B[i][i] = A[i][i] - \Sigma A[i][j] \quad (i \neq j)$$
$$B[i][j] = A[i][j] \quad (i \neq j)$$

请编程输出数组 B。

任务 4. 通过键盘输入 5 名学生 4 门课程的成绩，分别求每个学生的平均成绩和每门课程的平均成绩。

要求所有成绩均放入一个 6 行 5 列的数组中，输入时同一人数据间用空格分隔，不同人用回车分隔。其中最后一列和最后一行分别放入每个学生的平均成绩、每门课程的平均成绩及班级总平均分。

任务 5. 在 main 函数中，从键盘上输入一个字符串 str 以及一个整数 n，需要将字符串 str 的第 0 到 n−1 个字符移到字符串的最后，第 n 个字符到最后一个字符移到字符串的头部。

任务 6. 字符数组 c[100]接收用户输入的长度不超过 100 的数字串（即每个数据元素均在'0'~'9'之间），若把这个串看成一个大的整数，请判断其是否能被 19 整除。

任务 7*. 有 500 名学生报名到 A、B、C、D、E 五个少数民族地区进行执教活动，数组 a[500]按学生序号(1~500)顺序依次存入了每个学生的志愿，并用数组 b[500]记录学生的原始序号。为便于管理，现需要将同一去向的同学排到一起，并相应调整数组 b 中序号的顺序。请编程实现输出按去向排好序的数组 b。

任务 8*. 某单位对外公布员工的身份信息时，为保护员工的隐私，将职工编号信息(5位的字符)的若干位用＊代替。由于操作人员不会复杂的算法，他想了一个简单的规则：若在某一位上，该位上某编号的人数少于三人，则所有员工在该位的编号变为＊。请你编程帮他实现，示例如下。

假设单位 6 人的编号为 10232、20133、30122、41139、11123、21229,则处理后输出＊0＊3＊、＊0＊3＊、＊0＊2＊、＊1＊3＊、＊1＊2＊、＊1＊2＊。

# 第6章 函　数

现实应用包含了大量对象关系复杂、业务逻辑复杂、计算过程复杂的问题需要求解。人们在解决复杂问题时，经常把一个大问题分解成若干个比较容易求解的小问题，然后分别求解。在利用 C 语言编程时，主要采用自顶向下、逐步细化的模块化设计思想，通过结构化编码完成设计任务。模块化设计的核心是函数。每个 C 源程序都由若干个函数组成，函数是 C 语言的基本构件。将不同功能的函数组合在一起，相互配合，实现复杂应用系统，满足用户需要。在第 1 章关于 C 语言程序的结构和第 2 章数据类型知识点描述中，已经提到函数及函数类型的概念，本章将介绍函数的定义、调用等相关知识，然后通过实例讲解和实践任务训练，提升读者模块化设计思维，增强读者编码能力，逐步培养读者分析解决复杂软件问题的能力。

## 6.1　知 识 简 介

在 C 语言中，每个 C 源程序都是由函数组成的，组成部分为一个主函数和若干其他函数，C 语言程序设计的基础工作就是函数的具体编写。

函数就是一台机器，可以实现预先设定的功能（函数的英文为 function，也有功能的意思），对函数的调用就是运行函数代码，完成函数功能。

函数编程一般包括三部分的工作：定义函数（相当于完成机器制造）、声明函数（告诉大家有这样一个函数）、调用函数（使用函数完成特定功能，类似大家平常使用自动售票机买火车票等）。在这些工作中，函数参数与返回值、嵌套调用与递归调用等知识将会在本章重点讲解。

### 6.1.1　定义函数

C 语言中程序能调用的所有函数都必须先有定义，然后才能进行调用。

**注**：相当于必须先将实现特定功能的机器制造出来，然后才能使用该机器（但也可以不使用该机器），若想使用某函数，必须先实现该函数的功能（也可不调用该函数）。

各高级语言都定义了一些标准函数，C 语言中的标准函数称为库函数，是由编译系统将一些基本的、常用的功能编制成函数，人们无需再定义即可调用库函数。调用库函数时必须把它的头文件用 #include 命令包含进来。

程序员也可以根据需要自己定义函数，C 语言规定每个函数都要独立定义，函数定义不能嵌套。函数定义的一般形式如下。

```
函数类型 函数名(参数列表)          //函数首部
{
    函数体
}
```

函数的定义包括**函数首部**和**函数体**两部分。

**函数首部**包括以下部分：

（1）**函数类型**（**return type**）：函数类型指定了函数返回的数据类型，可以是整数、浮点数、字符、指针等。如果函数不返回任何值，可以使用 void 作为返回类型。

（2）**函数名**（**function name**）：函数的标识符，用于在程序中唤起和调用该函数。

（3）**函数形参列表**（**parameter list**）：参数列表包含函数接收的输入参数的信息。它指定了函数所期望的输入数据，并为这些输入数据分配了参数名。参数列表由一对圆括号（）包围，包含各参数的类型和名称，参数之间用逗号分隔。形参在函数内部充当局部变量。

**函数体**包括以下部分：

（1）**声明部分**（**declaration section**）：声明部分一般位于函数体的开头，用于定义在函数内部使用的变量以及可能需要使用的其他函数的声明。这些变量和函数声明在函数体中可见，但其生存期和作用域通常受到大括号的限制。

（2）**执行部分**（**execution section**）：执行部分由一系列语句组成，按照结构化程序设计的原则编写。这些语句指定了函数中进行的所有操作，包括条件语句（如 if 语句）、循环语句（如 for 和 while 循环）、赋值语句、函数调用等。执行部分的语句按照它们的顺序逐一执行，从而实现函数的具体功能。

例如，下列代码定义了 max（）函数，比较两个整数的大小，并将较大的数返回主调函数。

```
int max(int a,int b)
{
if(a>b)
    return a;
else
    return b;
}
```

### 6.1.2  函数调用

**1. 函数调用形式**

函数调用的一般形式：

**函数名（实参列表）**

当实参列表中有多个参数时，要用逗号隔开，若被调函数无参数，调用时圆括号也不能省略。

函数调用过程是：将实参的值传给形参，在函数体内进行加工处理，然后由 return 语句将函数值返回调用处。

函数调用可以是单独的一条语句。例如：

```
printf("Welcome to China!\n");
```

函数调用也可以是表达式的一部分。例如：

```
c=max(5,10)+5;
```

函数调用还可以是另一个函数调用的实参。例如：

```
printf("The bigger data is %d !\n", max(5,10));
```

**2. 函数参数之间的数据传递方式**

首先，必须区分函数中实际参数（实参）和形式参数（形参）的概念。

函数定义时填入的参数为形式参数，简称形参，它们同函数内部的局部变量作用相同。形参的定义在函数名之后和函数开始的花括号之前。函数调用时填入的参数，我们称为实际参数，简称实参。

在函数被调用前，函数定义中的参数没有实际的值，仅为形式上的标记，表示可以接收实参传来的值，并可在函数体中被运算。

实参是函数调用时提供的值，它们传递给函数的形参。实参可以是常量、变量、表达式或其他函数调用的返回值。实参的值被传递到函数内部，供函数在执行时使用。

**注意**：无论是哪种参数传递方式，本质上来说，C 语言中参数之间都是单向值传递，即将实参的值传给对应的形参。

**3. 函数返回值**

函数可以有返回值，这是函数执行后返回给调用者的结果。返回值的类型（return-type）由函数类型确定。要在函数中返回一个值时，可使用 return 语句，如下所示：

```
return 表达式;
```

表达式的类型需要与函数类型一致。如果表达式的类型与函数类型不一致，会将表达式的结果隐式转换为函数类型，然后返回给主调函数。

**4. 函数声明**

在 C 语言中，函数声明（也称为函数原型）是一种告诉编译器函数名称、返回类型以及参数的方式。在函数声明中，需要提供函数的类型、名称以及参数列表，其一般形式为函数定义中的函数首部后面加上分号：

```
函数类型 函数名(参数列表);
```

在 C 或 C++ 语言中，函数声明的一般规则如下：

（1）如果函数在调用它的函数之前定义，那么调用它的函数需要知道这个函数的名称、返回类型和参数。这通常通过包含定义该函数的头文件或在调用函数的文件中提前声明函数来实现。

（2）如果函数在调用它的函数之后定义，那么调用它的函数需要知道这个函数的名称、返回类型和参数。这通常通过在调用函数的文件中提前声明函数来实现。

因此，可以在程序的开头部分、主调函数的声明部分或者包含定义该函数的头文件中进行函数声明。

## 6.1.3 嵌套调用和递归调用

**1. 嵌套调用**

在 C 语言中，允许进行嵌套调用，即在一个被调用的函数体内，允许调用其他函数。

例如,下面是一个两层嵌套函数调用的示例。该示例定义了三个函数:main( )、calculateAverage( )和 calculateSquare( ),其中 calculateAverage( )函数嵌套调用了 calculateSquare( )函数。

```c
1    # include <stdio.h>
2
3    // 函数声明
4    double calculateAverage(int a, int b);
5    int calculateSquare(int x);
6
7    int main()
8    {
9        int num1 = 5;
10       int num2 = 7;
11       double avg = calculateAverage(num1, num2);
12       printf("Average of %d and %d is %.2lf\n", num1, num2, avg);
13       return 0;
14   }
15
16   // 计算两个数的平均值,并返回平均值
17   double calculateAverage(int a, int b)
18   {
19       int squareA = calculateSquare(a);
20       int squareB = calculateSquare(b);
21       double avg = (double)(squareA + squareB) / 2;
22       return avg;
23   }
24
25   // 计算一个数的平方,并返回平方值
26   int calculateSquare(int x)
27   {
28       return x * x;
29   }
```

在这个示例中,calculateAverage( )函数接收两个整数 a 和 b,并在内部调用 calculateSquare( )函数来计算它们的平方值。然后,它将这些平方值相加并计算平均值,最后返回平均值。

在 main( )函数中调用了 calculateAverage( )函数,传递了两个整数 num1 和 num2,然后打印计算得到的平均值。

**2. 递归调用**

在 C 语言中,递归调用可以分为两种主要类型:直接递归调用和间接递归调用。

**直接递归调用**:直接递归调用是函数直接调用自身的情况。函数在其内部调用自身,直接解决问题的子问题。

以下是一个直接递归调用的示例,用于计算斐波那契数列的第 n 个元素。

```
1    #include <stdio.h>
2
3    // 函数声明
4    int fibonacci(int n);
5
6    int main()
7    {
8        int n;
9        printf("Enter a positive integer: ");
10       scanf("%d", &n);
11       if (n < 0)
12           printf("Fibonacci sequence is not defined for negative numbers.\n");
13       else
14       {
15           int result = fibonacci(n);
16           printf("Fibonacci(%d) = %d\n", n, result);
17       }
18       return 0;
19   }
20
21   // 计算斐波那契数列的第 n 个元素
22   int fibonacci(int n)
23   {
24       if (n <= 1)
25           return n;
26       else
27           return fibonacci(n - 1) + fibonacci(n - 2);          // 直接递归调用
28   }
```

**间接递归调用**：间接递归调用是多个函数之间互相调用，形成一个递归调用链的情况。每个函数在递归链中调用另一个函数，最终可能会形成一个闭环。

以下是一个简单的间接递归调用的示例，其中两个函数 foo() 和 bar() 互相调用。

```
1    #include <stdio.h>
2
3    // 函数声明
4    void foo(int n);
5    void bar(int n);
6
7    int main()
8    {
9        int n = 5;
10       foo(n);
11       return 0;
12   }
13
```

```
14   // 函数 foo 调用函数 bar
15   void foo(int n)
16   {
17       if (n > 0)
18       {
18           printf("foo: %d\n", n);
20           bar(n - 1);              // 间接递归调用 bar
21       }
22   }
23
24   // 函数 bar 调用函数 foo
25   void bar(int n)
26   {
27       if (n > 0)
28       {
29           printf("bar: %d\n", n);
30           foo(n - 1);              // 间接递归调用 foo
31       }
32   }
```

在实际应用中,间接递归通常需要小心设计,以确保递归链不会无限循环,导致栈溢出错误。

### 6.1.4  数组作为函数参数

**1. 数组元素作为函数实参**

数组元素可以作为函数的实参,与同类型的常量、变量及表达式作为函数实参时作用一致,调用函数时会将实参的值传给形参。数组元素无法作为函数的形参,因为形参的存储单元是在函数被调用时临时分配的,无法为单个数组元素独立分配空间(数组是一个整体,多个元素占用连续的存储空间)。

**2. 数组名作为函数参数**

当传递数组名作为参数时,实际上传递了数组第一个元素的地址,这使得函数能够访问和操作整个数组(通过[]运算符)。例如:

```
1    # include < stdio.h >
2
3    // 函数,接收一个整数数组和数组的大小作为参数
4    void processArray(int arr[], int size)
5    {
6        // 在这里可以访问和操作整个数组
7        for (int i = 0; i < size; i++)
8            printf("Element at index %d: %d\n", i, arr[i]);
9    }
10
11   int main()
```

```
12  {
13      int myArray[5] = {1, 2, 3, 4, 5};
14      // 调用函数并传递整个数组作为参数
15      processArray(myArray, 5);
16      return 0;
17  }
```

数组名作为函数实参,传的是数组的首地址,对应的形参可以通过[]运算操纵实参数组中的每个元素,但其本质仍是实参的值(表示地址)单向传递给形参(实际为指针变量)。

### 6.1.5  全局变量和局部变量

在 C 语言中,全局变量和局部变量是两种不同类型的变量,它们在作用域、生命周期和访问权限等方面有很大的区别。

**1. 全局变量(global variables)**

(1) 作用域(scope):全局变量在整个程序中都可见,可以在程序的任何地方进行访问,包括所有函数内部和函数之外。

(2) 生命周期(lifetime):全局变量的生命周期与程序的生命周期相同,它们在程序开始执行时被创建,在程序结束时销毁。

(3) 声明位置(declaration location):全局变量通常在函数之外的文件顶部声明,并在整个文件中可用。

(4) 默认初始化(default initialization):如果全局变量没有显式初始化,它们将自动初始化为零或 NULL(对于数字和指针类型)。

**2. 局部变量(local variables)**

(1) 作用域(scope):局部变量只能在声明它们的函数内部使用,外部函数无法访问它们。

(2) 生命周期(lifetime):局部变量的生命周期从它们所在的函数被调用时开始,到函数执行结束时结束,一旦函数返回,它们的值就不再可用。

(3) 声明位置(declaration location):局部变量在函数内部的任何位置都可以声明,但只在声明它们的块中可见。

(4) 需要显式初始化(explicit initialization):局部变量不会自动初始化。

总之,全局变量具有全局作用域和生命周期,而局部变量具有局部作用域和生命周期。通常情况下,应该尽量避免使用全局变量,因为它们会增加代码的复杂性和维护难度。局部变量更安全,因为它们受限于其所在的函数,不容易受到外部因素的影响。

### 6.1.6  动态存储与静态存储

内存中的用户数据区分为动态存储区和静态存储区,动态存储区是程序运行期间给变量临时分配存储单元,变量用完后立即释放单元的区域,动态存储区存放的是函数的形参、自动变量、函数调用期间的现场保护数据和返回地址。

静态存储区是程序运行期间给变量分配固定的存储单元,存放的是全局变量和局部静态变量。

一个变量除了它的数据类型以外还有存储类型,定义一个变量时应该说明这两种类型。

## 6.2 实 践 目 的

1. 通过阅读分析程序等练习,能深入理解程序模块化设计思想,熟悉函数定义与调用的基本方法;能够模拟执行具有多函数调用的程序,具有一定的自主学习函数知识和较复杂算法的能力。

2. 针对较复杂程序设计问题,能依据其功能需求等对问题进行有效分解,进行多模块协同的程序开发。

3. 能实现返回参数设置合理、功能实现准确、模块设计高效的应用程序,包括数组作为函数参数的嵌套调用、递归调用等,具备解决较复杂应用关系的程序开发能力。

## 6.3 实 践 范 例

视频讲解

【范例 1】 阅读分析程序

要求:编辑下面两个源程序,对比分析两个程序的功能和实现方式,然后运行程序,验证分析结果是否正确,完成填空。

程序 exa6-1a:

```
1   #include<stdio.h>
2   #include<math.h>
3
4   int fun(int n,int fac[])
5   {
6       int k,r,m=0;
7   if(n==1)
8       fac[m++]=1;
9       for(k=2; k<=sqrt(n); k++)
10      {
11          r=n%k;
12          while(r==0)
13          {
14              fac[m++]=k;
15              n=n/k;
16              r=n%k;
17          }
18      }
19      if(n!=1) fac[m++]=n;        // n 本身为质数或含有大于根号 n 的质因子,或 n 为 0
20      return m;
21  }
22
23  void output(int m,int fac[])
24  {
```

```
25        int i;
26        for(i=0;i<m-1;i++)
27            printf("%d * ",fac[i]);
28        printf("%d\n",fac[i]);
29    }
30
31    int main()
32    {
33        int num,fac[32],m;
34        scanf("%d",&num);
35        printf("%d=",num);
36        if(num<0) printf("-");
37        num=fabs(num);
38        m=fun(num,fac);
39        output(m,fac);
40        return 0;
41    }
```

**程序 exa6-1b：**

```
1     #include <stdio.h>
2     #include<math.h>
3     void printFactors(int num, int divisor)
4     {
5         if(num==0||num==1)
6         {
7             printf("%d",num);
8             return ;
9         }
10        if (divisor <=num)
11        {
12            if (num %divisor ==0)
13            {
14                printf("%d* ", divisor);
15                if(num/divisor!=1)
16                    printFactors(num/divisor, divisor );
17            }
18            else
19                printFactors(num, divisor+1);
20        }
21        printf("\b \n");
22    }
23
24    int main()
25    {
```

```
26        int number ;
27        scanf("%d",&number);
28        printf("%d=",number);
29        if(number<0) printf("-");
30        number=fabs(number);
31        printFactors(number, 2);
32        printf("\n");
33        return 0;
34    }
```

| 相同点 | |
|---|---|
| 不同点 | |
| 运行结果 | |

**范例分析**：本范例中两个程序均实现了整数的质因子乘积表示（0、1、-1直接输出原数）。

程序 exa6-1a 中,运用数组名作为函数实参,在 fun()函数中将整数 n 的各个质因子存入指定的数组 fac 中,并调用 output()函数对求得的质因子进行输出。其中 fun()函数的程序流程如图 6-1 所示,对应的流程说明如下。

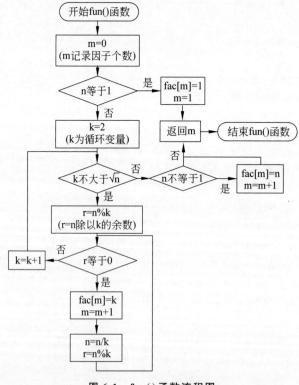

**图 6-1　fun()函数流程图**

（1）若 n 为 0、1 或质数，则 fac[0] 等于 n，因子个数 m 等于 1，返回 m。

（2）否则，让 k 从 2 开始到根号 n 截至，进行以下操作：

① 若 n 能被 k 整除，则在数组 fac 中保存 k，因子个数 m 增加 1，接下来将 n 除以 k 的商赋值给 n，继续重复 n 能否被 k 整除的判定操作；

② 若 n 不能被 k 整除，则 k 增加 1，再重复 n 能否被 k 整除判定操作；

（3）当 k 大于根号 n 时，结束判定操作，返回 m。

程序 exa6-1b 采用递归调用的方式求解整数 num 的所有质因子，每找到一个质因子，程序均直接输出，而没有用数组等结构保存已找到的因子。printFactors(num, divisor) 函数的执行流程如下。

（1）若 num 等于 0 或者 1，输出 m 后结束函数调用；

（2）否则，判断 num 是否小于 divisor：

   若小于则退出函数调用；

   否则检查 num 是否能被 divisor 整除：

     能整除则输出 divisor，再检查 num 是否等于 divisor：

       相等则结束函数调用；

       不相等则将 num/divisor 赋值给 num，递归调用该函数；

     num 不能被 divisor 整除则将 divisor 加 1，递归调用该函数。

printFactors(num, divisor) 函数的流程图如图 6-2 所示。

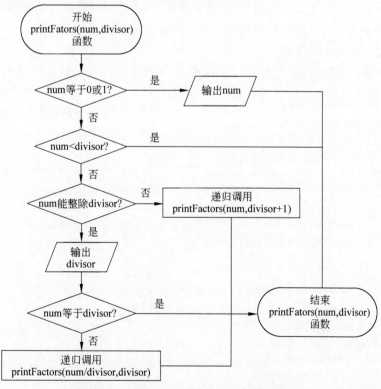

**图 6-2　printFactors(num, divisor) 函数流程图**

**处理结果**：按照以上分析，可完成如下作答。

| 相同点 | 函数功能相同,均为找到整数的所有质因子,将整数写成质因子相乘的形式 |
|---|---|
| 不同点 | 实现方法不同,exa6-1a采用数组作为函数参数,在函数中用循环结构找到每个质因子,并用数组保存,然后用output()函数输出结果;exa6-1b采用递归调用方式找到质因子,并在查找过程中进行输出 |
| 运行结果 | E:\C-programming\source-program\exa6-1a.exe — □ ×<br>-2520<br>-2520= − 2 * 2 * 2 * 3 * 3 * 5 * 7<br><br>Process returned 0 (0x0)   execution time : 12.915 s<br>Press any key to continue.<br><br>E:\C-programming\source-program\exa6-1b.exe — □ ×<br>-2520<br>-2520= − 2*2*2*3*3*5*7<br><br>Process returned 0 (0x0)   execution time : 5.576 s<br>Press any key to continue. |

注：①从函数的可移植性分析,建议读者对函数运算结果的输出按照 exa6-1a 的方式处理。因为虽然本例是要求输出结果,但质因子的求解也可能有其他作用,在 exa6-1a 中,数组中保存的质因子直接可以被其他函数调用。但在 exa6-1b 中,结果在递归调用的函数中直接输出而没有被记录,无法被其他函数获得运算结果。

② 递归调用的代码往往更为简洁,可使程序流程更加清晰,可读性更好,但资源占用和时间消耗往往更大。因为递归调用时,系统需要维护一个工作栈,保存递归调用的地址信息等。对栈的维护和栈信息的处理都需要耗费时间和空间资源。

**【范例2】** 阅读分析程序

要求：编辑下面程序,分析程序运行结果,并对其中的三个函数进行对比与评价,然后运行程序,将执行结果与分析结果相对比,完成填空。

```
1    #include<stdio.h>
2    void findAll(int a[],int len,int qu)
3    {
4        int i;
5        for(i=0;i<len;i++)
6            if(a[i]==qu)
7                printf("%3d",i);
8        printf("\n");
9    }
10
11   void findFrom(int a[],int len,int begin,int qu)
12   {
13       int i;
14       for(i=begin;i<len;i++)
15           if(a[i]==qu)
16             printf("%3d",i);
17       printf("\n");
18   }
19
```

```
20    void findinRange(int a[],int len,int begin,int end,int qu)
21    {
22        int i;
23        for(i=begin;i<len&&i<=end;i++)
24            if(a[i]==qu)
25               printf("%3d",i);
26        printf("\n");
27    }
28
29    int main()
30    {
31        int a[20]={3,5,8,5,3,7,4,6,5,4,8,7,8,2,5,1,2,0,8,6},i,qnum=8,b,e;
32        findAll(a,20,qnum);
33        findFrom(a,20,0,qnum);
34        findFrom(a,20,5,qnum);
35        findinRange(a,20,0,25,qnum);
36        findinRange(a,20,0,15,qnum);
37        findinRange(a,20,5,22,qnum);
38        findinRange(a,20,5,15,qnum);
39        return 0;
40    }
```

| 程序分析 | |
|---|---|
| 运行结果 | |

**范例分析**：本范例主要考查函数定义中的参数设置。findAll()函数(第2～9行)、findFrom()函数(第11～18行)和findinRange()函数(第20～27行)均实现在数组中查找给定值的功能。

在findAll()函数中有三个参数,分别进行查找的数组、数组长度,以及需要查找的数,查询将在整个数组中进行;

findFrom()函数增加了一个参数,用于指定开始查找的下标,查找的范围是从指定下标开始,到数组结束为止;

findinRange()函数又增加了指定查询截至位置的下标,即查询在数组中指定的范围内查询。

**处理结果**：按照以上分析,可完成如下作答。

| 程序分析 | 程序首先调用了findAll()函数(第32行),将在整个数组中查找值为8的元素下标,找到了4个元素,下标对应为2,10,12,18;<br>然后调用两次findFrom()函数,第1次调用时(第33行)由于begin值为0,实现功能与findAll()函数相同;第2次调用findFrom()函数(第34行)时,begin值指为5,即从第6个元素开始,到数组结束查找值为8的元素下标,得到的结果为10,12,18;<br>最后是对findinRange函数的4次调用(第35～38行),分别设置了4组不同的begin和end值,使得查询的范围不一样。第1次为整个数组范围,输出为2,10,12,18;第2次范围为0～15号元素,输出为2,10,12;第3次为5～20号元素,输出为10,12,18;第4次下标范围在5～15内,查找到10和12号元素 |
|---|---|

| | |
|---|---|
| 运行结果 | 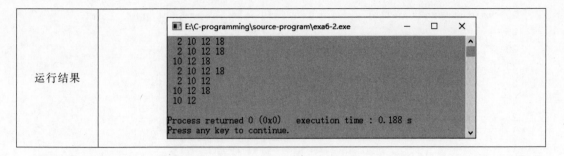 |

**【范例3】** 补充程序

下面代码功能为：输入数组元素的值，然后调用选择排序函数进行从小到大排序；接收用户输入的查询数据，进行折半查找，找到会返回对应的下标，否则输出"Not find!"。请将代码补充完整。不要增行或删行、改动程序结构。

```
1    #include<stdio.h>
2    int binary(int a[],int len,int q)
3    {
4        int low=0,high=len-1,mid;
5        while(low<=high)
6        {
7            mid=(low+high)/2;
8            if(q<a[mid])_____;
9            else if(q>a[mid])_____;
10           else return(mid);
11       }
12       return(-1);
13   }
14
15   void input(int a[],int len)
16   {
17       printf("Please input 10 numbers:");
18       for(int i=0;i<len ;i++)
19           scanf("%d",&a[i]);
20   }
21
22   void output(int a[],int len)
23   {
24       for(int i=0;i<len ;i++)
25           printf("%d ",a[i]);
26       printf("\n");
27   }
28
29   void sort(int a[],int len)
30   {
31       int i,j,pos,temp;
```

```
32      for(i=0;i<len-1;i++)
33      {
34          _____;
35          for(j=i+1;j<len;j++)
36              if(_____)
37                  pos=j;
38          if(pos!=i)
39          {
40              temp=a[pos];
41              a[pos]=a[i];
42              a[i]=temp;
43          }
44      }
45  }
46
47  int main()
48  {
49      int a[10],i,queryNum,ind;
50      input(a,10);
51      sort(a,10);
52      printf("After sorting:");
53      output(a,10);
54      printf("Please input the query number:");
55      scanf("%d",&queryNum);
56      ind=binary(a,10,queryNum);
57      if(ind==-1)
58          printf("Not find!\n");
59      else printf("The query number's index is %d\n ",ind);
60      return 0;
61  }
62
```

**范例分析**：本范例主要考查数组作为函数参数、选择排序算法和折半查找算法。

利用选择排序对数组从小到大排列的算法流程如下。

（1）从待排序的序列中找到最小元素并记录其位置。

① 初始化一个变量 pos，用于记录当前最小元素的索引。将 pos 初始值设为待排序的第一个元素的下标。

② 从待排序的第二个元素开始遍历数组，如果当前元素小于已记录的最小元素，更新 pos 为当前元素的下标。

③ 继续遍历数组，重复步骤②，直到遍历完所有元素。

④ 当遍历完数组后，pos 所对应的元素即为待排序的最小元素。

（2）将最小元素与待排序列的第一个元素交换位置，将最小元素放置在已排序序列的末尾。

（3）在剩下的未排序序列中，继续重复步骤（1）和步骤（2），直到所有元素都被排序。

利用折半查找算法在有序序列中进行查找的流程如下。

（1）初始化变量：令 low 为数组的第一个元素的下标，high 为数组的最后一个元素的下标。

（2）循环执行以下步骤，直到 low 大于 high。

令 mid 为(low ＋ high) / 2 的整数部分，即数组的中间元素的下标。比较目标元素与数组的中间元素：

① 如果目标元素小于中间元素，说明目标元素在数组的前半部分，更新 high 为 mid−1；

② 如果目标元素大于中间元素，说明目标元素在数组的后半部分，更新 low 为 mid+1；

③ 如果目标元素等于中间元素，返回中间元素的下标，表示找到了目标元素。

（3）如果循环结束时仍未找到目标元素，表示目标元素不存在于数组中，返回一个表示不存在的值（如−1）。

**处理结果**：根据上述分析，可补充填空为 high＝mid−1、low＝mid+1、pos＝i、a[j]＜a[pos]。补充代码后，程序运行结果示例如下

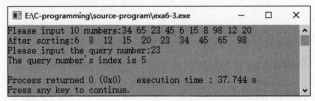

**【范例 4】** 调试程序

要求：下列代码功能为，输入字符串 s1 和 s2，比较两个串的大小，输出大小关系。分析已给出的语句，要求判断调试运行该程序是否正确，若有错，写出错在何处，并填写正确的运行结果。

```
1    #include <stdio.h>
2    int strcmp1(char s[ ],char t[])
3    {
4        int i=0;
5        while(s[i]&&t[i]&& s[i]==t[i] ) ;
6        return s[i]-t[i];
7    }
8
9    int main()
10   {
11       int x;
12       char s1[50],s2[50];
13       printf("Input the 1st string:");
14       gets(s1);
15       printf("Input the 2nd string:");
16       gets(s2);
17       x=strcmp1(s1,s2);
18       if(x>0)
19         printf("%s>%s\n",s1,s2);
```

```
20      else if(x<0)
21        printf("%s<%s\n",s1,s2);
22      else
23        printf("%s==%s\n",s1,s2);
24      return 0;
25    }
```

| 若有错,指出<br>错误并修改 | 错误行号: | | 应改为: |
|---|---|---|---|
| | 错误行号: | | 应改为: |
| 调试正确后的<br>运行结果 | 输出结果: | | |

**范例分析**:本范例仿照 strcmp()函数自定义了字符串大小比较的函数 strcmp1()。从第一个字符开始,若两个字符串都未遇结束标志,且对应位置字符相等,则比较下一个字符(**需要将下标加 1**),否则停止比较,返回停止比较时两个串中对应字符的差。

**处理结果**:根据分析,可完成填空如下。

| 若有错,指出<br>错误并修改 | 错误行号: 5 | 应改为: while(s[i]&&t[i]&& s[i]==t[i]) i++; |
|---|---|---|
| | 错误行号: | 应改为: |
| 调试正确后的<br>运行结果 | 输出结果:<br><br>![E:\C-programming\source-program\exa6-4.exe 窗口]<br>Input the 1st string:How are you<br>Input the 2nd string:How are you!<br>How are you<How are you!<br><br>Process returned 0 (0x0)   execution time : 25.233 s<br>Press any key to continue. | |

【范例5】 编写程序

**范例描述**:有一个系统中对新注册的用户名和密码有如下要求:①用户名不能是已有账号(已有账号存于数组 char IDList[100][11]之中,假设已有 10 个账号);②用户名为 10 位以内的字母+数字;③密码为 8~16 位的字母+数字。现要求:用户先输入用户名,不合格要求重新输入直到合格为止;然后用户输入密码两次,两次输入相同且满足要求即显示注册成功,并将用户名存于 IDlist 中。

视频讲解

**范例分析**:根据描述,可确定程序的流程如下:

(1) 输入用户名,检查用户名是否存在,若存在,重新输入;

(2) 检查用户名是否合法,若不合法,转(1);

(3) 输入密码两次,检查两次输入的密码是否相同,不相同,需重新输入;

(4) 检查密码是否合法,若不合法,转(3);

(5) 将新注册用户名添加到用户名列表中,注册成功。

为此,可自定义检查用户名是否存在、用户名是否合法、密码是否合法的函数,调用字符串比较、求字符串长度等 string.h 库中标准函数。

由于进行用户名合法性和密码合法性检查时,其差异只是字符串长度要求的差异,因此可将字符串长度的最小值和最大值设定为两个参数,在调用时由实参传递,可将两个检查合写为一个函数。

**范例代码**:根据上述分析,可编写代码如下。

```
1    #include <stdio.h>
2    #include <string.h>
3    // 全局变量
4    char IDList[100][11] ={"user1", "user2", "user3", "user4", "user5", "user6",
5    "user7","user8", "user9", "user10"};
6    int numAccounts =10;
7    // 函数声明
8    int checkExistingAccount(char username[]);
9    int checkFormat(char stringIn[],int min,int max);
10   void registerUser();
11
12   int main()
13   {
14       registerUser();
15       return 0;
16   }
17
18   // 检查用户名是否已存在
19   int checkExistingAccount(char username[])
20   {
21       for (int i =0; i <numAccounts; i++)
22           if (strcmp(IDList[i], username) ==0)
23               return 1; // 已存在
24       return 0; // 不存在
25   }
26
27   // 检查用户名或密码格式是否合法
28   int checkFormat(char stringIn[],int min,int max)
29   {
30       int len =strlen(stringIn);
31       if (len <min || len >max)
32           return 0; // 长度不合法
33       for (int i =0; i <len; i++)
34         if (!((stringIn[i] >='a' && stringIn[i] <='z') || (stringIn[i] >='A' &&
35   stringIn[i]
36   <='Z') || (stringIn[i] >='0' && stringIn[i] <='9')))
37               return 0;         // 包含非法字符
38       return 1;                 // 合法
39   }
40
```

```
41   // 注册用户
42   void registerUser()
43   {
44       char username[11];
45       char password1[17];
46       char password2[17];
47       printf("请输入用户名(10位以内的字母+数字): ");
48       scanf("%s", username);
49       // 检查用户名是否已存在和格式是否合法
50       while (checkExistingAccount(username) || !checkFormat(username,1,10))
51       {
52           printf("用户名不符合要求,请重新输入: ");
53           scanf("%s", username);
54       }
55       printf("请输入密码(8～16位的字母+数字): ");
56       scanf("%s", password1);
57       printf("请再次输入密码: ");
58       scanf("%s", password2);
59       // 检查密码格式和两次输入是否相同
60       while (!checkFormat(password1,8,16) || strcmp(password1, password2) !=0)
61       {
62           printf("密码不符合要求或两次输入不一致,请重新输入: \n");
63           printf("请输入密码(8～16位的字母+数字): ");
64           scanf("%s", password1);
65           printf("请再次输入密码: ");
66           scanf("%s", password2);
67       }
68       // 注册成功
69       printf("注册成功!\n");
70       // 将用户名存储到 IDList 中
71       strcpy(IDList[numAccounts], username);
72       numAccounts++;
73   }
```

**运行结果:**

## 6.4　注　意　事　项

（1）在使用函数之前，需确保已正确声明和定义函数。

（2）函数调用时，需确保实参和形参在数量、类型上的对应关系。

（3）注意 C 函数参数传递本质为单向值传递，形参值的改变不能影响实参。

（4）一个函数可以包含多个 return 语句，但每次调用只会执行一条 return 语句，即函数一旦执行到 return 语句就会结束本函数的调用。

（5）需理解全局变量和局部变量的作用域，便于正确使用变量，并有效避免命名冲突。

## 6.5　实　践　任　务

### 6.5.1　阅读分析程序

任务 1. 编辑下面两个源程序，对比分析两个程序的功能和实现方式，然后运行程序，验证分析结果是否正确，完成填空。

**程序 exa6-2a：**

```
1    #include <stdio.h>
2    int fib(int n) {
3        if (n <=1)
4            return n;
5        return fib(n -1) +fib(n -2);
6    }
7
8    int main() {
9        int n;
10       printf("请输入项数: ");
11       scanf("%d", &n);          //运行时请输入 20
12       for (int i =0; i <n; i++)
13           printf("%d ", fib(i));
14       printf("\n");
15       return 0;
16   }
```

**程序 exa6-2b：**

```
1    #include <stdio.h>
2    int fib(int n)
3    {
4        int a =0, b =1, result;
5        if (n ==0)
6            return a;
7        if (n ==1)
8            return b;
9        for (int i =2; i <=n; i++)
```

```
10      {
11          result =a +b;
12          a =b;
13          b =result;
14      }
15      return result;
16  }
17
18  int main()
19  {
20      int n;
21      printf("请输入项数: ");
22      scanf("%d", &n);          //运行时请输入 20
23      for (int i =0; i <n; i++)
24          printf("%d ", fib(i));
25      printf("\n");
26      return 0;
27  }
```

| 相同点 | |
| --- | --- |
| 不同点 | |
| 运行结果 | |

任务 2. 编辑下面源程序,分析运行程序结果,然后运行程序,将执行结果与分析结果做对比,完成填空。

```
1   #include <stdio.h>
2   void demoFunction() {
3       // 静态局部变量
4       static int staticVariable =0;
5       int localVariable =0;
6       staticVariable++;
7       localVariable++;
8       printf("静态变量: %d\n", staticVariable);
9       printf("局部变量: %d\n", localVariable);
10  }
11
12  int main() {
13      printf("第一次函数调用: \n");
14      demoFunction();
15      printf("第二次函数调用: \n");
16      demoFunction();
17      return 0;
18  }
```

| 分析结果 | |
|---|---|
| 运行结果 | |

任务 3.编辑下面两个源程序,对比分析两个程序的功能和实现方式,然后运行程序,验证分析结果是否正确,完成填空。

**程序 exa6-3a：**

```c
1   #include<stdio.h>
2   int isNarcissistic(int num)
3   {
4       int originalNum =num;
5       int digitSum =0;
6       while(num >0)
7       {
8           int digit =num %10;
9           digitSum +=digit * digit * digit;
10          num /=10;
11      }
12      return (digitSum ==originalNum);
13  }
14
15  int main()
16  {
17      printf("Narcissistic numbers between 100 and 999:\n");
18      for(int n =100; n <=999; n++)
19        if(isNarcissistic(n))
20            printf("%d\n", n);
21      return 0;
22  }
```

**程序 exa6-3b：**

```c
1   #include <stdio.h>
2   int findNarcissisticNumbers(int start, int end, int resultArray[])
3   {
4       int index=0;
5       for (int n=start; n <=end; n++)
6       {
7           int originalNum =n;
8           int digitSum =0;
9           while (originalNum >0)
10          {
11              int digit =originalNum %10;
12              digitSum +=digit * digit * digit;
13              originalNum /=10;
14          }
15          if (digitSum ==n)
```

```
16                  {
17                      resultArray[index] =n;
18                      index++;
19                  }
20              }
21          return index;
22      }
23
24      int main()
25      {
26          int result[100];              // 假设数组大小为100,根据需要进行调整
27          int count =0;
28          int start =100;
29          int end = 999;
30          count=findNarcissisticNumbers(start, end, result);
31          printf("Narcissistic numbers between %d and %d:\n", start, end);
32          for (int i =0; i <count; i++)
33              printf("%d\n", result[i]);
34          return 0;
35      }
```

| 相同点 | |
|--------|--|
| 不同点 | |
| 运行结果 | |

## 6.5.2  补充程序

要求：依据题目要求,分析已给出的语句,按要求填写空白。不要改动程序结构。

任务 1. fun()函数的功能为：求 $x^y$ 值的最后三位数,其中 $x,y$ 为正整数($1 \leqslant x,y \leqslant 1000000000$)。请将程序补充完整(含配写出主调函数)

```
1    #include<stdio.h>
2    int fun(int x, int y)
3    {
4        int num=1,i;
5        x=_____;
6        for(i=1; i<=y; i++)
7            num=_____;
8        return num;
9    }
10   int main()
11   {
12                     //此处代码可不止1行
13       return 0;
14   }
```

任务 2. mystrlen()函数的功能为：计算字符串的长度,并作为函数值返回。请将程序

· 107 ·

补充完整(含配写出主调函数)

```
1   #include <stdio.h>
2   int mystrlen(char str[ ])
3   {
4       int i;
5       for(i=0; _____ !='\0'; i++) ;
6       return(_____);
7   }
8
9   int main ( )
10  {
11                      //此处代码可不止1行
12      return 0;
13  }
```

### 6.5.3 调试程序

要求:按任务要求判断调试运行下列程序是否正确,若有错,指出存在的问题,提出修改思路,编写正确代码,执行后填写正确的运行结果。

任务 1. 小明暑假到电子厂进行勤工俭学,从事检测芯片工作,第一天能检测 100 个,以后每天都比前一天多 10 个,请求出第 30 天小明检测的芯片数。

```
1   #include <stdio.h>
2   int main()
3   {
4       int unitCount(int n);
5       int n=30;
6       printf("The number of detection chips is %d\n",unitCount(n));
7       return 0;
8   }
9
10  int unitCount(int n);
11  {
12      int uC;
13      uC=unitCount(n-1)+10;
14      return(uC);
15  }
```

| 存在问题 | |
|---|---|
| 修改思路 | |
| 正确代码 | |
| 运行结果 | |

任务 2. 下面代码需要求解两个整数的全部公因子,要在自定义函数中求出全部公因

子,然后在主函数中调用输出函数。

```
1    #include <stdio.h>
2    // 函数用于计算两个整数的公因子
3    int findCommonFactors(int num1, int num2, int factors[])
4    {
5        int smaller=(num1<num2)?num1:num2;
6        int count;
7        for (int i=1; i<=smaller; i++)
8            if (num1%i==0 || num2%i==0)
9                factors[count++]=i;
10       return count;
11   }
12   // 函数用于输出数组中的元素
13   void output(int arr[], int size)
14   {
15       printf("The common factors are: ");
16       for (int i=0; i<size; i++)
17           printf("%d ", arr[i]);
18       printf("\n");
19   }
20
21   int main()
22   {
23       int num1,num2;
24       int factors[100];
25       int size;
26       printf("Enter the first number: ");
27       scanf("%d", &num1);
28       printf("Enter the second number: ");
29       scanf("%d", &num2);
30       size=findCommonFactors(num1, num2, factors[100]);
31       output(factors,size);
32       return 0;
33   }
```

| 存在问题 | |
|---|---|
| 修改思路 | |
| 正确代码 | |
| 运行结果 | |

### 6.5.4 编写程序

任务 1. 编写一个主函数以及四个函数 max(a, n)、min(a, n)、aver(a, n)和 prime(m)。以

下是编写要求。

（1）函数 max(a, n)、min(a, n)和 aver(a, n)分别求出含有 n 个元素的数组 a 中的最大值、最小值和平均值，并返回结果到主调函数。

（2）在主函数中输入 10 个[3,9999]之间的素数存放到数组中，要求通过调用函数 prime()对输入的数进行正确性限制，如果不符合要求，则返回 0，否则返回 1，保证输入 10 个[3,9999]之间的素数（输入的符合要求的素数未到十个时要求重新输入）；然后分别调用 max、min 和 aver 函数，并输出返回的最大值、最小值和平均值。

任务 2. 在对银行账户等重要权限设置密码时，常有以下烦恼：为了好记使用生日，容易被破解，不安全；设置不好记的密码，又担心自己也会忘记；写在纸上，担心纸张被别人发现或弄丢了等。为此，本实践任务需要编程把用户输入的字符串（大于 6 位）转换为 6 位数字，转换规则如下。

（1）把字符串 6 个一组折叠起来，比如 wangximing 则变为：

wangxi
ming

（2）把所有垂直在同一个位置的字符的 ascii 码值相加，得出 6 个整数，如上例则得出：

228 202 220 206 120 105

（3）再把每个整数缩位处理：即把整数的各位相加，得出的数字如果不是一位数字，就再缩位，直到变成一位数字为止。例如：$228 \Rightarrow 2+2+8=12 \Rightarrow 1+2=3$

上面的数字缩位后变为：344 836，这就是程序最终的输出结果！

任务 3. 编写程序计算一个整数的各位数字之积。

任务 4. 请编写函数 int fun(int m,int score[],int below[])，它的功能是：将低于平均分的人数作为函数值返回，并将低于平均分的成绩放在 below 数组中（m 表示 score 的长度，score 表示成绩）。例如，当 score 数组中的数据为 10、20、30、40、50、60、70、80、90 时，函数返回 4，below 中的数据应为 10、20、30、40。

任务 5. 编写程序，把字符串中的内容逆置。即若字符串中原有的内容为 abcdefg，逆置后输出 gfedcba。

任务 6. 编写一个主函数以及两个函数 fun1(m)和 fun2(n)。以下为编写要求。

（1）任何一个正整数 m 的立方均可表示为 m 个连续奇数之和。例如：

$$1^3 = 1$$
$$2^3 = 3+5$$
$$3^3 = 7+9+11$$
$$4^3 = 13+15+17+19$$

函数 fun1(m)求出组成 $m^3$ 的 m 个连续奇数，并输出求得的 m 个奇数。

（2）已知两个三位数 abc、cba 之和为 n，其中 a、b、c 均为一位数，函数 fun2(n)求出满足条件的 a、b、c 的所有组合，并输出它们。

（3）主函数：输入一个正整数 m，将 m 作为实参调用 fun1 函数；输入一个正整数 n，将 n 作为实参调用 fun2 函数。

任务 7. 输入一个字符串，内有数字和非数字字符，例如将 a123x456 17960？302tab5876 其中连续的数字作为一个整数,依次存放到数组 a 中。例如,123 放在 a[0]中,456 放在 a[1]中等,统计共有多少个整数,并输出这些数。编写要求如下:

(1) 在主函数中输入字符串,输出结果,调用子程序处理字符串;

(2) 子函数的返回值为 0 表示未找到,否则返回整数的个数并输出这些整数。

任务 8*. 设有 n 个任意实数存放在数组 A[n]中,现需要把所有正数放到负数前面,请用函数实现该功能。要求以 main()函数调用函数完成原始数据的输入、数组的处理、最终结果的输出。

# 第7章 指　　针

现实中,我们经常需要足不出户就联系到相关的人物。在古代,可以通过驿站送信;现代人用起了 email,也可以采用电话方式联系,还可以使用聊天工具。在编程时,也不必直接找到数据对象的值,而是通过获得数据对象的存储地址,然后通过地址运算符和取值运算符等,间接操纵数据对象的值。在 C 语言中,指针就代表地址,指针变量就是存放对象地址值的变量,指针变量为数据对象的间接取值和赋值提供支撑。本章简单介绍指针及指针变量的相关概念、指针变量的定义及使用、指针与数组的关系、指针在函数中的应用等知识,并通过指针应用的范例讲解和操作实践,帮助读者理解指针概念和内存管理方式,能根据需要在函数调用、数组访问等操作中合理使用指针变量,可将数据间接访问方式应用于解决复杂软件设计过程。

## 7.1　知 识 简 介

### 7.1.1　指针与指针变量的概念

在 C 语言中,存在两种方式访问内存中的数据,一种是直接访问,另一种是间接访问。

C 语言支持通过变量名直接访问,找到变量存储单元,访问内存中存储的数据。C 语言还提供了间接访问内存中变量值的方式,例如:使用特殊的变量 p 存放变量 x 的地址,如果要找到 x 的值,可以先找到存放 x 地址的变量 p,取出 p 的值,然后通过对 p 的特定操作,取得 x 的值。

在间接访问时,通过地址就能找到对应的存储单元并取得其中的内容。地址具有对存储单元的指向作用,因此将内存中的一个存储单元的地址,即内存单元的编号形象化地称为"指针"。

指针变量是一个能存放地址值的变量。通过它存放的地址值能间接访问它所指向的变量。例如前面定义的特殊的变量 p 即为指针变量。

### 7.1.2　指针变量的定义与使用

在 C 语言中,所有的变量都必须遵循"先定义,后赋值,然后再使用"的原则。指针变量作为存放地址值的变量,定义与使用方法与普通变量既有相同之处,也存在部分差异。

**1. 指针变量的定义**

在 C 语言中,定义指针变量需要指定它指向的数据类型。以下是定义指针变量的一般语法:

```
类型名　*指针变量名;
```

类型名必须是 C 语言中合法的类型,包括基本数据类型和自定义数据类型,该类型称为指针变量的基类型。例如:

```
int * ptr1;                    //定义基类型为 int 的指针变量 ptr1
char * c1, * c2;               //定义基类型为 char 的指针变量 c1,c2
float f1,f2, * p1;             //定义 float 型变量 f1,f2,以及基类型为 float 的指针变量 p1
```

**2. 指针变量的使用方法**

(1) 为指针变量赋值。

可在定义指针变量时对其进行初始化,也可在指针变量定义之后通过赋值表达式等为其赋值。不能将内存编号直接赋值给指针变量,但可将变量的地址取出后赋值给指针变量。例如:

```
int a, b,c[10], * p1=&a, * p2, * p3, * p4;    //p1 定义时初始化为 a 的地址
p2=&b;                                         //整型变量 b 的地址赋值给指针变量 p2
p3=c;                                          //整型数组名 a(数组首地址)赋值给指针变量 p3
p4=p1;                                         //指针变量 p1 的值赋值给指针变量 p4
```

**注意**:指针变量的基类型与其所指向的变量的类型要一致。

(2) 引用指针变量指向的变量。

在 C 语言中,要引用指针变量指向的变量,可使用指针运算符( * )来获取指针指向的实际值。例如:

```
int a, * p=&a;                  //定义指针变量 p,初始化指向 a
* p=5;                          //用作左值时代表所指的变量
x= * p+9;                       //用作右值时代表所指变量的值
```

**注意**:指针变量在使用之前一定要指向某变量,而不能用常数直接赋值

(3) 引用指针变量的值。

可以将指针变量的值赋给另一个指针变量,正如(1)中引用指针变量 p1 的值,然后赋值给指针变量 p4。也可以直接输出指针变量的值,例如:

```
int a, * p=&a;                  //定义指针变量 p,初始化指向 a
printf("%d, %o",p,p);           //分别以十进制和八进制形式输出 a 的地址
```

**3. 指针变量的运算**

首先,指针运算包括已经提到的取值运算( * )、取地址运算(&)和赋值运算,指针运算还可进行部分算术运算和比较运算。

(1) 加法运算:指针变量可以与整数进行加法运算,运算结果为一个指针值,等于指针变量的值＋sizeof(指针变量基类型)＊整数值。

(2) 减法运算:指针变量可以与整数进行减法运算,运算结果为一个指针值,等于指针变量的值－sizeof(指针变量基类型)＊整数值。

(3) 指针变量相减:基类型相同的指针变量可以相减,得到的结果为指针的差值/sizeof(指针变量基类型)。

(4) ＋＋,－－运算:指针变量将指向下一个(前一个)数据对象。

(5) 关系运算:两个基类型相同的指针变量之间可进行各种关系运算,实际上是对它们所指向的内存地址的比较。

**注**:指针变量的算术运算一般应用于其指向数组元素时,加与减的运算会让其指向不

同的数组元素。

**4. 指针运算的优先级与结合性**

单目运算符优先级是相同的,但从右向左结合。

(1) ＊＆a 等同于 a；＆＊p 等同于 ＆a。

(2) ＊p＋＋等同于 ＊(p＋＋)。

(3) ＊＋＋p 等同于 ＊(＋＋p)。

(4) (＊p)＋＋与＊(p＋＋)的区别。(＊p)＋＋是变量值增值,相当于 a＋＋;而 ＊(p＋＋)则是用完当前值后,指针值增值,即相当于 a,p＋＋,是指向了新的地址。

## 7.1.3　指针与数组

**1. 指针与一维数组**

(1) 数组的地址:即数组中首个元素 a[0] 的地址。

(2) 数组地址的表示方法:①用数组名 a；②取首元素的地址,即 ＆a[0]。

(3) 数组指针:指向数组的指针变量的简称,即指针变量中存放的是某数组的首地址。例如:

```
int a[10], * p;                          //定义指针变量 p
p=a;                                      //称 p 为 a 数组的指针,或称 p 指向数组 a
```

(4) 指针与数组的关系:通过移动指针使其指向不同的数组元素。例:

① p,(p＋1),(p＋2),…,(p＋9)等同于 ＆a[0],＆a[1],＆a[2],…,＆a[9];

② ＊p,＊(p＋1),＊(p＋2),…,＊(p＋9)等同于 a[0],a[1],a[2],…,a[9]。

(5) 一维数组元素的合法引用方式:

① 数组名[下标], 例如 a[0],a[1],…;

② 指针名[下标],例如 p[0],p[1],…;

③ ＊(指针名＋下标),例如 ＊p,＊(p＋0),＊(p＋1),…;

④ ＊(数组名＋下标),例如 ＊a,＊(a＋0),＊(a＋1),…。

**2. 用指针方式与用字符数组方式操作字符串的对比**

(1) 存储方式不同:字符数组由若干个元素组成,每个元素中存放一个字符,而字符指针变量中存放的是地址(字符串首个字符的地址),绝不是将字符串存放到字符指针变量中。

(2) 赋值方式不同:对字符数组只能对各个元素赋值,不能在赋值语句中,将字符串常量赋值给字符数组(字符数组名为指针常量);但可以将字符串赋值给指针变量,实际是将字符串第一个元素的地址赋值给指针变量。

```
char a[10], * p;                         //定义字符数组 a 和指针变量 p
a="string!";                             //错误!
p="string!";                             //可行的赋值方式
```

思考 1:上面的代码中,在 p 被赋值后,赋值语句 ＊(p＋1)＝ 'a' 是否有错?为什么?

思考 2:下面代码中,p1 和 p2 是否相等?

```
char * p1, * p2;                         //定义指针变量 p1 和 p2
p1="Where there is a will, there is a way!";      //为 p1 赋值
```

```
p2="Where there is a will, there is a way!";        //为 p2 赋值
```

**注**：数组名为指针常量，不允许被赋值；指针变量的值可变。

**3. 指针与二维数组**

（1）二维数组的按行存储

若有 int a[2][3]={{1,2,3},{4,5,6}}, * p=a；则 * (p+4)表示 a[1][1]，值为 5。

（2）二维数组元素的地址表示及访问方式

设 int    a[2][3];

可见 a 是 2×3 的数组，含有 6 个元素。可认为 a 有两个元素：a[0]和 a[1]；而 a[0]与 a[1]又分别是具有三个元素的一维数组。

a[0]所含元素为：a[0][0],a[0][1],a[0][2];
a[1]所含元素为：a[1][0],a[1][1],a[1][2]。

因此对于二维数组 a,a[0]即 &a[0][0]，也就是第 0 行的首地址。a[1]就是 &a[1][0]，也就是第一行的首地址。

由地址运算规则，a[0]+0 就是 &a[0][0],a[0]+1 就是 &a[0][1],a[0]+2 就是 &a[0][2]。所以一般地：a[i]+j=&a[i][j]。

在二维数组中，可以用指针表示数组元素的地址，如：a[i]+j=&a[i][j]也可写为 * (a+i)+j=&a[i][j]，从而可知，* ( * (a+i)+j)就是 a[i][j]，即 a[i][j]= * ( * (a+i)+j)。

## 7.1.4  函数与指针

**1. 指针作为函数参数**

在 C 语言中，可将指针作为函数参数传递，由此可在函数内部访问、修改指针所指向的数据。例如：

```
void modifyValue(int * ptr)
{
    ( * ptr)++;                              // 递增指针变量 ptr 所指向的值
}
```

主调函数需要把变量的地址或数组名等作为实参传递给函数的形参。例如：

```
int main() {
    int value =10;
    printf("Before function call: %d\n", value);
    modifyValue(&value);
    printf("After function call: %d\n", value);
    return 0;
}
```

注意，在函数一章介绍了函数形参中可以有数组形式的，形参数组名本质上也为指针变量（不是指针常量！）。例如：

```
void modifyPointer(int arr[])
{
```

```
    arr++;                              //arr 可以被改变
}
```

**2. 函数的返回值为指针类型**

定义方式为:

**类型名 * 函数名(⋯);**                    //⋯表示参数可为 0 到多个

**3. 指向函数的指针变量**

定义方式为:

**类型名 ( * 变量名)(⋯);**                    //⋯表示参数可为 0 到多个

这里变量名前有一个 * 号,说明该变量是指针变量,而后面有括号说明这个指针变量是指向函数的。

如:int ( * p1)( );说明 p1 是指针变量,这个指针变量是指向函数的。

## 7.1.5　指针数组与指向一维数组的指针变量

**1. 指针数组**

指针数组是一个元素都为指针类型的数组。定义方式为:

**类型说明　* 数组名[整型常量表达式]**

如 char * s[4]则定义了一个指针数组,即 s[0],s[1],s[2],s[3]均用来存放地址值,主要用于处理多个字符串。

**2. 指向一维数组的指针变量**

这是一个基类型为一维数组的指针变量,常用于对二维数组的指针操作。定义形式是:

**类型说明　( * 变量)[整型常量表达式]**

如 int ( * p)[4]定义 p 为指针变量,它指向一个具有四个元素的一维数组。

## 7.1.6　指向指针的指针

指向指针的指针也就是二级指针。定义方式如下:

**类型说明　**指针变量名**

即定义一个二级指针变量,类型说明是它指向的指针变量所指向的变量的数据类型。它所指向的指针变量称为一级指针变量。赋值形式为:

**二级指针变量=& 一级指针变量;**

这类似于张三有李四的地址,而王五有张三的地址,这样王五通过张三找到李四。其中张三是一级指针,而王五是二级指针。

## 7.1.7　指针数组作 main()函数的形参

指针数组的一个重要应用是作为 main()函数的形参。在以往的程序中,main()函数的第一行一般写成 int main(),然而,main()函数可以有参数,例如 int main(int argc, char  * argv[ ]),其中 argc 和 argv 就是 main()函数的形参。

main()函数是由操作系统调用的。实际上实参是和命令一起给出的,也就是在一个命令行中包括命令名和需要传给 main()函数的参数。命令行的一般形式为:

**命令名　参数 1　参数 2　…　参数 n**

如果有一个名为 file1 的文件,它包含以下的 main()函数:

```
int main(int argc,char * argv[])
{
    while(argc>1)
    {
        ++argv;
        printf("%s\n",argv);
        --argc;
    }
    return 0;
}
```

若在 DOS 命令状态下输入的命令行为:

```
file1 Jishou University
```

则执行以上命令行将会输出以下信息:

```
Jishou
University
```

## 7.1.8　动态分配内存

在 C 语言中,全局变量和静态局部变量分配在内存中的静态存储区,非静态的局部变量(含形参)分配在内存的动态存储区,这些存储区是一个称为栈(stack)的区域,栈区域的空间由编译器自动分配和管理,分配速度较快,但大小受限。

C 语言还允许建立内存动态分配区域,程序员可以使用动态分配内存来创建和管理变量的内存空间,动态分配内存可在运行时动态地分配和释放内存,而不是在编译时固定分配内存,这些数据存放的内存区域称为堆,堆空间分配与释放效率较低,但可以存储大型数据结构和对象。

C 语言中最常用的动态内存分配函数是 malloc()、calloc()和 realloc(),以及对应的内存释放函数 free()。

**1. malloc()函数**

malloc()函数用于分配指定大小的内存块,并返回指向该内存块的指针。分配的内存块中的内容是未初始化的。函数原型为:

**void * malloc(unsigned int size);**

**2. calloc()函数**

calloc()函数用于分配指定数量和大小的连续内存块,并返回指向该内存块的指针。分配的内存块中的内容会被初始化为零。函数原型为：

**void ＊ calloc(unsigned int n, unsigned int size);**

**3. realloc()函数**

realloc()函数用于更改之前分配的内存块的大小。它可以用于扩展或缩小内存块的大小。如果无法成功重新分配内存块，则返回 NULL。函数原型为：

**void ＊ realloc(void ＊ p, unsigned int size);**

**4. free()函数**

free()函数用于释放动态分配的内存块，以便将其返回给系统。一旦释放了内存块，就不能再访问它。函数原型为：

**void free(void ＊ p);**

**注**：malloc()、calloc()和 realloc()的基类型均为 void，即不指向任何类型的数据，只提供一个纯地址。在使用时，一般需要将它们强制转换为用户需要的指针类型，示例如下所示。

```
int ＊ p;
p=(int ＊)malloc(1000 ＊ sizeof(int));
```

malloc()函数分配了 1000 个整数所占大小的内存空间，在强制转换为整型指针后赋值给指针变量 p。由于编译器等不同时各类型占据的空间大小存在差异，因此一般结合 sizeof 关键字一起使用。

## 7.2　实践目的

1. 掌握指针变量的定义和引用，能在程序中融入数据间接访问方式的设计。

2. 加深数组与指针关系的理解，能利用指针变量操纵数组元素，实现对连续存储数据的灵活访问。

3. 掌握在函数调用中指针作为函数参数的使用方法，能在被调函数中实现对主调函数相应变量值的改变。

4. 加深指向函数的指针、多级指针等知识难点的理解，能利用相关知识实现函数的灵活调用等。

## 7.3　实践范例

视频讲解

**【范例 1】**　阅读分析程序

要求：编辑下面源程序，分析运行程序结果，然后运行程序，将执行结果与分析结果相对比，完成填空。

```
1   #include<stdio.h>
2   void fun(int ＊ p1,int k)
```

```
3    {
4        int * p2=p1;
5        while(p2<p1+k)
6        {
7            if( * p2<0)
8                printf("%5d", * p2);
9            p2++;
10       }
11       p2--;
12       while(p2>=p1)
13       {
14           if( * p2>0)
15               printf("%5d", * p2);
16           p2--;
17       }
18   }
19
20   int main()
21   {
22       int a[]={-5,3,2,-8,6,-9,-1,7,-4,5};
23       fun(a,10);
24       return 0;
25   }
```

| 分析结果 | |
|---|---|
| 运行结果 | |

**范例分析**：本例主要考查指针作为函数参数和利用指针访问数组元素,算法实现了先输出数组中所有的负数,然后再输出所有正数。

程序包含 main()函数和 fun()函数。

在 main()函数中,首先定义了整型数组 a,并对 a 进行了初始化(第 21 行),然后将数组的首地址(数组名 a)和数组元素个数(10)作为实参,调用 fun()函数(第 22 行)。

fun()函数运行情况如下。

（1）形参 p1 为指针类型,接收 main()函数传递的数组首地址,形参 k 接收数组长度(第 1 行)。

（2）函数定义指针变量 p2 并与 p1 一同指向数组的首地址(第 4 行)。

（3）循环判断 p2 是否越界,即 p2 是否指向最后一个元素之后(第 5 行),

  若未超过：

    再判断 p2 指向的元素内容是否负数(第 7 行)

      是则输出该元素(第 8 行)；

    p2 指向下一个元素(第 9 行),重复执行(3)

  若超过,则转向(4)。

（4）p2－－,即让 p2 指向前一个位置(第 11 行),也就是数组的最后元素。

(5) 判断 p2 指向是否为数组 a(大于或等于 p1)中元素(第 12 行),

若未超过:

再判断 p2 指向的元素内容是否正数(第 14 行)

是则输出该元素(第 15 行);

p2 指向前一个元素(第 16 行),重复执行(5)

若超过,则结束运行。

**处理结果**:按照以上分析,可进行如下作答。

| 分析结果 | 该程序先按从前往后的顺序输出数组 a 中的所有负数,然后按从后往前的顺序输出数组 a 中的所有正数 |
|---|---|
| 运行结果 | ▣ E:\C-programming\source-program\exa7-1a.exe     — □ ✕ <br>   -5   -8   -9   -1   -4   5   7   6   2   3 <br> Process returned 0 (0x0)    execution time : 0.161 s <br> Press any key to continue. |

❖ **范例 1 拓展任务 1**:认真阅读分析下列程序,与范例 1 中程序进行对比,分析程序运行结果,最后进行结果验证。

```
1    #include<stdio.h>
2    void fun(int * p,int b[],int k)
3    {
4        int * p2=p,i=0,j=k-1;
5        while(p2<p+k)
6        {
7            if(* p2<0)
8                b[i++]= * p2++;
9            else
10               b[j--]= * p2++;
11       }
12   }
13
14   int main()
15   {
16       int a[]={-5,3,2,-8,6,-9,-1,7,-4,5},b[10];
17       fun(a,b,10);
18       for(int i=0;i<10;i++)
19           printf("%4d", * (b+i));
20       return 0;
21   }
```

| 程序功能 | |
|---|---|
| 与范例 1 异同 | |
| 运行结果 | |

**范例分析**：与范例 1 中的程序相比，拓展 1 在 main()函数中多定义了一个数组 b，并将其也作为实参一起传给函数 fun()，数组 b 用于存储处理后的结果，调用结束后，数组 b 中前一部分为负数，后一部分为正数。

fun()函数接受三个参数：一个整型指针变量 p1、一个数组形式参数 b[]（b 实际也为指针变量）和一个整数 k。fun()函数从前往后依次扫描 p1 指向的（数组 a 中的）元素（第 5～11 行）；若该元素为负，则从前往后依次存入数组 b 中（第 7、8 行）；若为正，则从后往前依次存入数组 b 中（第 9、10 行）。

**处理结果**：按照以上分析，可进行如下作答：

| 程序功能 | 该程序先按从前往后的顺序输出数组 a 中的所有负数，然后按从后往前的顺序输出数组 a 中的所有正数 |
|---|---|
| 与范例 1 异同 | 与范例 1 输出结果相同<br>与范例 1 有以下差异：<br>(1) 结果用数组存储，可被用于完成其他功能，而不仅在屏幕显示；<br>(2) 处理结果可在引用数组 b 的函数中输出，而不仅在函数中输出；<br>(3) 使用数组占用了更多空间 |
| 运行结果 | ▣ E:\C-programming\source-program\exa7-1b.exe  — □ ✕<br><br> -5  -8  -9  -1  -4   5   7   6   2   3<br>Process returned 0 (0x0)   execution time : 0.176 s<br>Press any key to continue. |

❖ **范例 1 拓展任务 2**：认真阅读分析下列程序，与范例 1、拓展任务 1 中程序进行对比，分析程序运行结果，最后进行结果验证。

```
1   #include<stdio.h>
2   void fun(int * p1,int k)
3   {
4       int * p2=p1, * p3=p1,temp;
5       while(p2<p1+k)
6       {
7           if( * p2>0)
8               p2++;
9           else
10          {
11              temp= * p2;
12              * p2= * p3;
13              * p3=temp;
14              p2++;
15              p3++;
16          }
17      }
18  }
19
20  int main()
21  {
```

```
22        int a[]={-5,3,2,-8,6,-9,-1,7,-4,5};
23        fun(a,10);
24        for(int i=0;i<10;i++)
25            printf("%4d",*(a+i));
26        return 0;
27    }
```

| 程序功能 | |
|---|---|
| 与范例 1、拓展任务 1 异同 | |
| 运行结果 | |

**范例分析**：与范例 1 及拓展任务 1 相比,拓展任务 2 在考查指针变量作为函数形参、指针与数组等知识点的基础上,采用了多个指针变量指向同一数组,但各自作用不同,算法处理逻辑较为复杂。

main()函数完成了数组 a 的定义与初始化,并将数组中最后一个元素的地址作为实参传递给 fun()函数。调用结束后,数组 a 中前一部分为负数,后一部分为正数。

fun()函数接收两个参数:一个整型指针 p1 和一个整数 k。函数中定义了整型指针变量 p2、p3 和一个整型变量 temp,其中 p1 指向数组首地址,p2 用于扫描数组中的每个元素,p3 指向当前第一个为正数的元素。p2 从前往后扫描,遇到正数直接后移,遇到负数则与 p3 指向的正数交换,然后 p2、p3 指向均后移。函数运行示例见图 7-1。

**处理结果**：按照以上分析,可进行如下作答。

| 程序功能 | 函数实现的功能为:从前往后扫描数组元素,将负值与前面的正值交换,最终实现负数在前,正数在后 |
|---|---|
| 与范例 1、拓展任务 1 异同 | 相同之处:输出的均为负数在前,正数在后。<br>不同之处:<br>(1) 输出的正数与原数组中元素不存在逆序的规律;<br>(2) 未定义新的数组,直接修改了原数组中的内容 |
| 运行结果 | |

上述三个程序均实现了先输出数组中的负数,然后再输出所有非负数的功能,但各有优势和不足:

(1) 示例 1 的 fun()函数未能将处理结果返回主调函数,只能在函数内部输出处理结果,程序可拓展性较差,适用场景较少;但示例 1 代码更为简单,fun()函数更容易看懂。

(2) 示例 1 的拓展任务 1、2 均将 fun()函数均对主调函数中的数组进行处理,并在主调函数中输出结果,更符合函数编程的特性(可移植、可复用、可拓展);拓展任务 1 多定义了一个数组,需要更多的空间,但比拓展任务 2 容易理解,而且保存了原数据状态。

(3) 下列程序也实现了先输出数组中的负数,然后再输出所有非负数的功能。大家进行程序设计时,针对同一问题可思考多种解决方法,对比各种方法的优劣,这样有助于加深

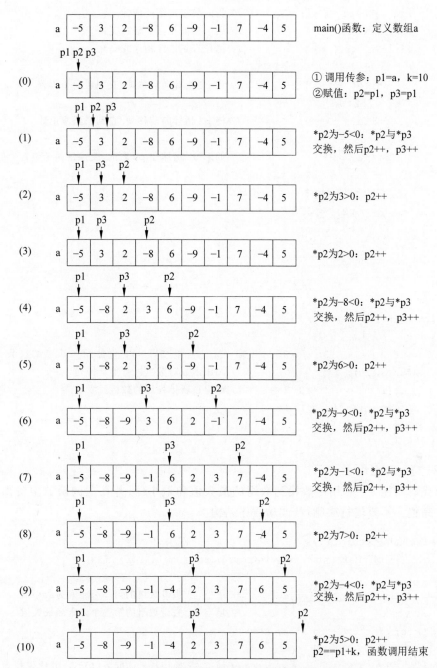

**图 7-1  fun()函数执行过程及数据变化示例**

对算法的理解,拓展思路,培养计算思维。

```
1    #include<stdio.h>
2    // 将负数移动到数组左侧,将正数移动到数组右侧的函数
3    void fun(int * p1, int k)
4    {
5        int * p2 =p1;                    // 指向数组首元素的指针
```

```
6        int *p3 =p1 +k -1;              // 指向数组末尾的指针
7        int temp;                       // 用于交换元素的临时变量
8        while(p2 <p3)                   // 循环直到指针相遇或交叉
9        {
10           while(*p2 <0)               // 将 p2 指针向后移动,直到遇到非负数
11               p2++;
12           while(*p3 >0)               // 将 p3 指针向前移动,直到遇到非正数
13               p3--;
14           if(p2 <p3)                  // 如果 p2 仍然在 p3 之前,交换这两个位置上的数字
15           {
16               temp = *p2;
17               *p2 = *p3;
18               *p3 =temp;
19           }
20       }
21   }
22
23   int main()
24   {
25       int a[] ={-5, 3, 2, -8, 6, -9, -1, 7, -4, 5};   // 包含 10 个元素的数组
26       fun(a, 10);                     // 调用函数对数组进行重新排列
27       for(int i =0; i <10; i++)       // 输出重新排列后的数组元素
28           printf("%4d", *(a +i));
29     return 0;
30   }
```

**【范例 2】 补充程序**

下面代码功能为:利用函数找到数组的最大值和最小值,并在主调函数中输出。请将代码补充完整。不要增行或删行、改动程序结构。

```
1    #include <stdio.h>
2    void findMinMax(int * arr, int size, int * min, int * max)
3    {
4        *min =_____;              // 填空 1:假设数组的第一个元素为最小值
5        *max =_____;              // 填空 2:假设数组的第一个元素为最大值
6        for (int i =1; i <size; i++)
7        {
8            if (_____)            // 填空 3:使用指针访问数组元素,并比较找到最小值
9                *min =_____;      // 填空 4:更新最小值
10           if (_____)            // 填空 5:使用指针访问数组元素,并比较找到最大值
11               *max =_____;      // 填空 6:更新最大值
12       }
13   }
14
15   int main()
16   {
```

```
17      int numbers[] = {5, 2, 8, 1, 9};
18      int size = sizeof(numbers) / sizeof(numbers[0]);    //数组总长度除以单个元素长度
19      int min, max;
20      findMinMax(numbers, size, &min, &max);
21      printf("最小值: %d\n", min);
22      printf("最大值: %d\n", max);
23      return 0;
24  }
```

**范例分析**：本范例主要考查指针变量作为函数形参、操纵并改变主调函数多个变量的方法及应用。

findMinMax()函数包含四个参数(第 2 行)，指针变量 arr 和整型变量 size 分别用于接收数组的首地址、元素个数；指针变量 min 和 max 用于接收主调函数传来的变量地址。

在 main()函数调用 findMinMax()函数时(第 20 行)，将数组 numbers 的首地址和元素个数传给 arr 和 size，把整型变量 min 和 max 传递给 findMinMax()函数中的指针变量 min 和 max。由此，findMinMax()函数中对 * min 和 * max 的赋值，实际是对 main()函数中整型变量 min 和 max 赋值。

findMinMax()函数的算法思路如下。

(1) 让 * min 和 * max 的值等于数组首元素的值(第 4、5 行)。

(2) 让 * min 和 * max 的值与数组中的每个元素比较：

若数组元素比 * min 小，则让 * min 等于数组元素(第 8、9 行)；

若数组元素比 * max 大，则让 * max 等于数组元素(第 10、11 行)。

在 findMinMax()函数执行完成后，在 main()函数中输出 min 和 max 的值。

**处理结果**：根据上述分析，可补充填空为 <u>* arr</u> 、<u>* arr</u> 、<u>* min＞ * (arr＋i)</u> 、<u>* min＝ * (arr＋i)</u> 、<u>* max＜ * (arr＋i)</u> 、<u>* max＝ * (arr＋i)</u> 。补充代码后，程序运行结果示例如下。

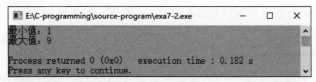

在本范例中，findMinMax()函数的四个参数中有三个为指针类型，arr 指向连续空间的首地址，无须对数组内容进行复制，有效地节省了内存空间；指针变量 min 和 max 则通过指针运算符( * )实现对主调函数的变量的赋值，间接实现了函数调用的多值返回。

**注**：示例中 findMinMax()函数和 main()函数中均有 min 和 max 变量，但 main()函数中的变量为整数类型，findMinMax()函数中的 min 和 max 为指向整型变量的指针类型。

**【范例 3】** 调试程序

要求：下列程序的功能是，在 main()函数中定义指向字符的指针变量 * name 和指向整数的指针变量 * age，然后调用 input()函数，为 * name 和 * age 输入值。分析已给出的语句，要求判断调试运行该程序是否正确，若有错，写出错在何处，并填写正确的运行结果。

```
1   #include<stdio.h>
```

```
 2    void input( char * s, int * t )
 3    {
 4        printf("Please input your name:");
 5        gets(s);
 6        printf("Please input your age:");
 7        scanf("%d",t);
 8    }
 9
10    int main( )
11    {
12        char * name="No name";
13        int * age;
14        input(name,age) ;
15        printf("Your name is %s,your age is %d\n",name,age);
16        return 0;
17    }
```

| 存在问题 | |
|---|---|
| 修改思路 | |
| 正确代码 | |
| 运行结果 | |

**范例分析**：指针变量作为函数形参,可以接收变量地址、数组地址等数据,并通过指针运算(*)操纵主调函数对应的变量或数组元素,实现数据共享和远程动态修改。在本例中,希望调用 input() 函数(第 14 行),将 name 和 age 的值传递给对应的形参 s 和 t,然后在 input() 函数中为 s 中的各元素及 *t 输入值,以实现为 name 和 age 输入值的目标。

在 C 语言中,指针变量必须先定义,然后赋值,最后才能使用指针运算(*)。在第 13 行调用 input() 函数前,main() 函数中定义了指针变量 name(第 12 行),其指向为字符串常量(将字符串常量的首地址赋给 name);定义了指针变量 age,但未给 age 赋值(第 13 行)。在调用 input() 函数时,形参 s 指向字符串常量,形参 t 为 age 的值,由于 age 未被赋值,因此 t 值未确定。在利用 gets() 函数进行字符串输入时(第 5 行),由于 s 指向的内容为字符串常量,内容无法更改。在为 t 指向的变量输入整数时(第 7 行),由于 t 无指向,因此输入无法完成。

**处理结果**：根据分析,可填空如下。

| 存在问题 | ①实参 name 指向为字符串常量,其指向的空间无法被赋值。<br>②实参 age 无指向,无法为对应的形参 t 进行赋值 |
|---|---|
| 修改思路 | 若形参为指针变量,在调用函数前,须保证对应的实参有指向,且指向的空间可被再次赋值。因此进行以下修改:<br>(1) 定义 name 数组,将数组名作为实参传递;<br>(2) 定义整型变量 age,将 age 的地址作为实参传递 |

| | |
|---|---|
| 正确代码 | ```c
#include<stdio.h>
void input( char * s, int * t )
{
    printf("Please input your name:");
    gets(s);
    printf("Please input your age:");
    scanf("%d",t);
}

int main( )
{
    char name[20]="No name";
    int age;
    input(name,&age) ;
    printf("Your name is %s,your age is %d\n",name,age);
    return 0;
}
``` |
| 运行结果 | ![运行结果](E:\C-programming\source-program\exa7-3.exe<br>Please input your name:Tom<br>Please input your age:13<br>Your name is Tom,your age is 13<br><br>Process returned 0 (0x0)   execution time : 14.848 s<br>Press any key to continue.) |

**注**：在指针作为函数参数传递的程序中，需要保证实参有确定的指向，且指向的空间可进行修改。

**【范例4】** 编写程序

**范例描述**：为增强学生体质，调动大家锻炼身体的积极性，学校组织举办了秋季运动会。在跳远赛事中，有 10 名同学报名参赛，选手编号依次为 1 到 10 号。每位学生可跳 6 次，取个人最好成绩。请编程：(1)录入每个选手的成绩；(2)选择记录个人最好成绩；(3)对个人最好成绩排序，按成绩从高到低输出对应的选手编号。

视频讲解

**范例分析**：根据描述，可设计如下函数。

| 序号 | 函 数 名 | 功 能 描 述 |
|---|---|---|
| 1 | main() | 主函数，定义数据结构，依次调用下列函数 |
| 2 | recordScores() | 录入选手的跳远成绩：接收二维数组 scores 来存储成绩，数组的行数表示选手的数量，列数表示每个选手的跳远次数，函数通过循环嵌套提示用户输入每个选手的跳远成绩，并将其存储在数组中 |
| 3 | findBestScores() | 找到每个选手的最好成绩：接收二维数组 scores 和一维数组 bestScores，分别存储选手的成绩和最好成绩，函数通过循环嵌套遍历每个选手的成绩，并找到每个选手的最高成绩，将其存储在 bestScores 数组中 |
```

| 序号 | 函　数　名 | 功　能　描　述 |
|---|---|---|
| 4 | sortScores() | 根据最好成绩对选手进行排序：形参一维数组 bestScores 和 playerNumbers，分别存储选手的最好成绩和选手的编号；使用冒泡排序算法，比较每对相邻的选手成绩，并通过交换它们的位置，从而将成绩从高到低排序；同时，也对选手的编号进行相应的交换，以保持与成绩的对应关系 |
| 5 | printPlayerRankings() | 输出选手的最好成绩和排名 |

**范例代码**：根据上述分析，可编写代码如下。

```
1    # include <stdio.h>
2    # define MAX_PLAYERS 10
3    # define MAX_ATTEMPTS 6
4    // 录入选手的跳远成绩
5    void recordScores(float ( * scores)[MAX_ATTEMPTS], int numPlayers)
6    {
7        int i, j;
8        for (i =0; i <numPlayers; i++)
9        {
10           printf("请输入选手 %d 的 6 次跳远成绩: \n", i +1);
11           for (j =0; j <MAX_ATTEMPTS; j++)
12           {
13               printf("第 %d 次成绩: ", j +1);
14               scanf("%f", ( * (scores +i) +j));
15           }
16       }
17   }
18
19   // 找到每个选手的最好成绩
20   void findBestScores(float ( * scores)[MAX_ATTEMPTS], float * bestScores, int
21                              numPlayers)
22   {
23       int i, j;
24       for (i =0; i <numPlayers; i++)
25       {
26           float bestScore = * ( * (scores +i));
27           for (j =1; j <MAX_ATTEMPTS; j++)
28               if ( * ( * (scores +i) +j) >bestScore)
29                   bestScore = * ( * (scores +i) +j);
30           * (bestScores +i) =bestScore;
31       }
32   }
33
34   // 根据最好成绩对选手进行排序
```

```
35  void sortScores(float * bestScores, int * playerNumbers, int numPlayers)
36  {
37      int i, j;
38      float tempScore;
39      int tempPlayer;
40      for (i =0; i <numPlayers -1; i++)
41          for (j =i +1; j <numPlayers; j++)
42              if ( * (bestScores +i) < * (bestScores +j))
43              {
44                      // 交换最好成绩
45                      tempScore = * (bestScores +i);
46                      * (bestScores +i) = * (bestScores +j);
47                      * (bestScores +j) =tempScore;
48                      // 交换选手编号
49                      tempPlayer = * (playerNumbers +i);
50                      * (playerNumbers +i) = * (playerNumbers +j);
51                      * (playerNumbers +j) =tempPlayer;
52              }
53  }
54
55  // 输出选手的最好成绩和排名
56  void printPlayerRankings(float * bestSc, int * playerNum, int numPlayers)
57  {
58      int i;
59      printf("\n跳远成绩排名: \n");
60      for (i =0; i <numPlayers; i++)
61          printf("选手编号: %d,最好成绩: %.2f\n", * (playerNum +i), * (bestSc +i));
62  }
63
64  int main()
65  {
66      float scores[MAX_PLAYERS][MAX_ATTEMPTS];            // 存储选手的跳远成绩
67      float bestScores[MAX_PLAYERS];                       // 存储每个选手的最好成绩
68      int playerNumbers[MAX_PLAYERS];                      // 存储选手的编号
69      int numPlayers =MAX_PLAYERS;                         // 选手的数量
70      recordScores(scores, numPlayers);                   // 录入选手的成绩
71      findBestScores(scores, bestScores, numPlayers); // 找到每个选手的最好成绩
72      for (int i =0; i < numPlayers; i++)
73          * (playerNumbers +i) =i +1;                       // 初始化选手编号
74      sortScores(bestScores, playerNumbers, numPlayers); // 对最好成绩进行排序
75      printPlayerRankings(bestScores, playerNumbers, numPlayers);    // 输出
76      return 0;
77  }
```

**运行结果**(为简化输入,在示例运行时将选手设定为 4 人,每人跳 2 次)：

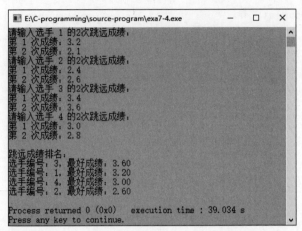

为便于大家更好地理解各个函数的实现细节,下面对函数中的部分参数做简单说明。

(1) float (*scores)[MAX_ATTEMPTS]。

出现在 recordScores()函数、findBestScores()函数中的参数。scores 是一个指向浮点型一维数组的指针变量,可实现对二维浮点型数组元素的引用,本例中用于存储选手的跳远成绩。二维数组的行数表示选手的数量,列数表示每个选手的跳远次数。

(2) bestScores(或 bestSc)。

指向浮点数的指针变量,指向一维浮点型数组,存储每个选手的最好成绩。

(3) playerNumbers(或 playerNum)。

指向整数的指针,指向一维整型数组,存储选手的编号。

## 7.4　注　意　事　项

(1) 在使用指针之前,需对指针进行初始化。未初始化的指针可能会指向未知的内存位置,导致程序出现未定义的行为。

(2) 在使用指针之前,应进行空指针检查。检查指针是否为 NULL,以避免对空指针进行操作,从而引发段错误或其他错误。

(3) 在使用指针之前,需检查指针所指向的内存是否已被释放或已经失效,以避免出现悬挂指针的情况。

(4) 在动态分配内存后,应在确保不再需要时释放该内存,以防止内存泄漏。

(5) 当使用指针访问数组时,需确保不要越界访问。

(6) 应避免在函数中返回指向局部变量的指针。一旦函数执行完毕,局部变量将被销毁,返回的指针将指向无效的内存位置。

## 7.5　实　践　任　务

### 7.5.1　阅读分析程序

任务 1. 编辑程序,分析程序功能和运行结果,然后运行程序,验证分析结果是否正确,完成填空。

```
1    #include <stdio.h>
2    int * f(int * x,int * y)
3    {
4        int temp;
5        if( * x< * y)
6        {
7            temp= * x;
8            * x= * y;
9            * y=temp;
10       }
11       return x;
12   }
13
14   int main()
15   {
16       int a=7,b=8, * r;
17       r=f(&a, &b);
18       printf("%d,%d,%d\n",a,b, * r);
19       return 0;
20   }
```

| 分析结果 |  |
| --- | --- |
| 运行结果 |  |

任务 2.下列程序在任务 1 代码基础上做了少量修改,请编辑程序,分析程序功能和运行结果,然后运行程序,验证分析结果是否正确,完成填空。

```
1    #include <stdio.h>
2    int * f(int * x,int * y)
3    {
4        int * temp;
5        if( * x< * y)
6        {
7            temp=x;
8            x=y;
9            y=temp;
10       }
11       return x;
12   }
13
14   int main()
15   {
16       int a=7,b=8, * r;
17       r=f(&a, &b);
18       printf("%d,%d,%d\n",a,b, * r);
```

```
19      return 0;
20  }
```

| 分析结果 |  |
|---|---|
| 运行结果 |  |

任务 3. 编辑程序,分析程序功能和运行结果,然后运行程序,验证分析结果是否正确,完成填空。

```
1   #include <stdio.h>
2   #include <string.h>
3   int main()
4   {
5       char ch[]="Good study!",newch[50]={'\0'};
6       char * p=ch+3;
7       while (--p>=ch)
8           strcat(newch,p);
9       puts(newch);
10      printf("%d\n",strlen(newch));
11      return 0;
12  }
```

| 分析结果 |  |
|---|---|
| 运行结果 |  |

## 7.5.2  补充程序

要求:依据题目要求,分析已给出的语句,按要求填写空白。不要改动程序结构。

任务 1. 假设数组 a 中的数据已按从小到大的顺序存放,以下程序的功能为:若 a 中存在数值相等的数组元素,则删除多余的元素(仅保留 1 个)。

```
1   #include<stdio.h>
2   #define M 10
3   int main()
4   {
5       int a[M],i,j,n;
6       for(i=0; i<M; i++)
7           scanf("%d",a+i);
8       n=i=M-1;
9       while(i>=0)
10      {
11          if( * (a+i)== * (a+i-1))
12          {
13              for(j=_____; j<=n; j++)
14                  * (a+j-1)= * (_____);
```

```
15                 _____;
16             }
17         i--;
18     }
19     for(i=1; i<=n+1; i++)
20         printf("%4d", * (a+i-1));
21     return 0;
22 }
```

任务 2. 下列代码同样实现了任务 1 的功能,即删除有序数组中的重复元素(仅保留 1 个)。

```
1  #include<stdio.h>
2  #define M 10
3  int main()
4  {
5      int a[M],i,j,n=0;
6      for(i=0; i<M; i++)
7          scanf("%d",a+i);
8      for(i=1,j=0;i<M;i++)
9      {
10         if( * (a+i)!= * (a+j))
11         {
12             n++;
13             _____ = * (a+i);
14             _____;
15         }
16     }
17     for(i=0; i<=n; i++)
18         printf("%4d", * (a+i));
19     return 0;
20 }
```

任务 3. 下列程序中函数 fun()的功能是将字符串 s1 中出现在字符串 s2 中的字符删除。例如,s1 为"this is a test",s2 为"is",调用 fun(s1,s2)后,s1 为"th   a tet"。

```
1  #include<stdio.h>
2  fun(char * s1, char * s2)
3  {
4      char * p1=s1, * p2;
5      while ( * s1)
6      {
7          p2=s2;
8          while ( * p2&&( * s1!= * p2))_____;
9          if ( * p2=='\0')_____;
10         s1++;
11     }
```

```
12          * p1='\0';
13      }
14
15      int main()
16      {
17          char s1[300],s2[300];
18          puts("请输入 s1 串: ");
19          gets(s1);
20          puts("请输入 s2 串: ");
21          gets(s2);
22          fun(s1,s2);
23          puts("s1 删除 s2 中的字符后: ");
24          printf("%s\n",s1);
25          return 0;
26      }
```

### 7.5.3 调试程序

要求：按任务要求判断调试运行下列程序是否正确，若有错，指出存在的问题，提出修改思路，编写正确代码，执行后填写正确的运行结果。

任务 1. 下面代码采用指向数组的指针变量实现数组元素的输入和输出。

```
1   # include <stdio.h>
2   int main()
3   {
4       int a[10];
5       int * p=a, i;
6       printf("enter 10 integer numbers:\n");
7       for(i=0; i<10; i++)
8           scanf("%d",p++);
9       for(i=0; i<10; i++)
10          printf("%d", * p++);
11      printf("\n");
12      return 0;
13  }
```

| 若有错，指出错误并修改 | 错误行号： | | 应改为： |
|---|---|---|---|
| | 错误行号： | | 应改为： |
| 调试正确后的运行结果 | 输出结果： | | |

任务 2. 下面的代码采用指向函数的指针作函数参数实现以下功能：输入两个整数，然后再由用户输入 1,2,3 进行选择对两个数的操作，1 为求最大值，2 为最小值，3 为求和。

```
1   # include <stdio.h>
2   int max(int x,int y)
3   {
```

```
4        printf("max=");
5        if(x>y) return x;
6        else  return y;
7    }
8
9    int min(int x,int y)
10   {
11       printf("min=");
12       if(x<y) return x;
13       else  return y;
14   }
15
16   int add(int x,int y)
17   {
18       printf("sum=");
19       return x+y;
20   }
21
22   int fun(int x,int y,int (*p)(int,int))
23   {
24       int resout;
25       resout=(*p)(x,y);
26       printf("%d\n",resout);
27   }
28
29   int main()
30   {
31       int num1,num2,n;
32       printf("please input two numbers:");
33       scanf("%d%d",&num1,&num2);
34       printf("please choose 1,2 or 3:");
35       scanf("%d",&n);
36       if (n==1) fun(num1,num2,max(num1,num2));
37       else if (n==2) fun(num1,num2,min(num1,num2));
38       else if (n==3) fun(num1,num2,add(num1,num2));
39       return 0;
40   }
```

| 若有错，指出错误并修改 | 错误行号： | 应改为： |
|---|---|---|
| | 错误行号： | 应改为： |
| | 错误行号： | 应改为： |
| 调试正确后的运行结果 | 输出结果： | |

任务 3. 下面的代码采用动态分配空间的方式实现以下功能：有 5 个学生，学生选课数

量(4～8 门)由用户输入,然后根据学生选课门数动态分配空间存储学生成绩,调用 aver( )
函数计算其并输出平均成绩。

```
1    #include <stdio.h>
2    #include <stdlib.h>
3    void aver(int * p,int n,int i)
4    {
5        float average,sum=0;
6        printf("第%d个学生的成绩和平均成绩为：\n",i);
7        for(int j=0;j<n;j++)
8        {
9            printf("%4d", * p);
10           sum+= * p++;
11       }
12       average=sum/n;
13       printf("%6.1f\n",average);
14   }
15
16   int main() {
17       int i,j,n, * p;
18       for(i=1;i<=5;i++)
19       {
20           scanf("%d",&n);
21           p=(int * )malloc(sizeof(int) * n);
22           for(j=0;j<n;j++)
23               scanf("%d",p+j);
24           aver(p,n,i);
25       }
26       free(p);
27       return 0;
28   }
```

| 存在问题 | |
|---|---|
| 修改思路 | |
| 正确代码 | |
| 运行结果 | |

### 7.5.4　编写程序

下列编程中均需使用指针。

任务 1. 统计从键盘输入的 50 个实数中有多少个正数、多少个负数、多少个零。

任务 2. 编写一个主函数以及两个函数 sort(a，n)和 merge(a，m，b，n)。以下是编写
要求。

（1）函数 sort(a，n)对数组 a 中的 n 个数据进行升序排序（排序方法不限）。

（2）函数 merge(a，m，b，n)对两个已是升序的数组 a、b 进行归并(a、b 中分别有 m、n 个数据)，归并后的结果仍然是升序的，并将归并结果返回给主调函数。

（3）主函数：输入任意 5 个正整数给数组 a；调用 sort()函数对数组进行排序；输入任意 8 个正整数给数组 b；调用 sort()函数对数组进行排序；调用 merge()函数对数组 a、b 进行归并，并输出归并后返回的结果。

任务 3. 输入一个三位数，计算该数各位上的数字之和，如果在[1,12]之内，则输出与和数相对应的月份的英文名称，否则输出 ＊＊＊。

例如：输入 123，输出 1＋2＋3＝6→ June；

输入 139，输出 1＋3＋9＝13→ ＊＊＊。

要求：用指针数组记录各月份英文单词的首地址。

任务 4. 有 n 个人围成一圈，顺序排号。从第 1 人开始报数(从 1 到 3)，凡报到 3 的人退出圈子，问最后留下的是原来第几号的那位。

任务 5. 请编一个函数 fun(int ＊a，int n，int ＊odd，int ＊even)，函数的功能是分别求出数组中所有奇数之和以及所有偶数之和。形参 n 给出数组 a 中数据的个数；利用指针 odd 返回奇数之和，利用指针 even 返回偶数之和。

例如：数组中的值依次为 1,9,2,3,11,6，则利用指针 odd 返回奇数之和 24；利用指针 even 返回偶数之和 8。

任务 6. 编写一个主函数以及一个函数 maxlong(str)。以下是编写要求。

（1）函数 maxlong(str)找出字符串 str 中包含的第一个最长单词(用字符数组进行存储)，并返回主调函数。

（2）在主函数中输入一个字符串，假定输入字符串中只含字母和空格，空格用来分割不同单词；以该字符串作为参数调用 maxlong()函数，并输出返回的结果。

任务 7. 编写一个程序，包含 main()函数、input(int (＊p)[5]，int m)函数、exhange(int (＊p)[5]，int m)函数、output(int (＊p)[5]，int m)函数，以下是编写要求。

（1）在 main()函数中定义二维整型数组 matrix[5][5]用于存储一个 5×5 的矩阵，然后依次调用 input(matrix,5)、exhange(matrix,5)、output(matrix,5)。

（2）input()函数完成矩阵数据的输入。

（3）exhange()函数实现以下功能：将矩阵中的最大元素与矩阵中心元素交换；将最小元素与第一个元素交换。

（4）output()函数完成矩阵数据的输出。

# 第8章 结　构　体

在此之前的程序设计中,我们定义的都是单一类型的数据,一般为某个成员的一个或一类属性值,如学生姓名、三门课的成绩、三角形的边长、生产日期等;在现实生活中,对象往往是由多种信息组合形成的一个对象整体,如姓名、学号、性别、年龄、成绩等,这些确定了某个学生的基本信息,并需要对其进行插入、修改、删除、查找、排序等整体性操作。另外,不同的应用对个体信息的需求也不一样,例如,在学生注册时并不需要学生各课程的成绩,而在登记学生的成绩时也不需要性别、年龄、籍贯等信息,因此无法事先设定满足用户需要的组合类型。基于上述原因,C 语言允许程序员自定义组合数据类型,即结构体类型。本章介绍结构体类型的声明、结构体变量的定义与使用、结构体数组与结构体指针等相关知识,然后通过结构体应用的范例讲解和实践练习,培养读者根据现实问题建立数据结构的能力。

## 8.1　知 识 简 介

### 8.1.1　结构体类型的声明

在 C 语言中,结构体(struct)是一种用户自定义的复合数据类型,它允许程序员将不同类型的数据组合成一个整体。以下是声明结构体类型的一般语法。

```
struct struct_name {
    // 成员变量或字段
    data_type1 member1;
    data_type2 member2;
    // ...
    data_typen membern;
};
```

其中,struct_name 是结构体名,data_type1、data_type2 等是结构体的成员变量的数据类型,member1、member2 等是结构体的成员变量名称。struct struct_name 是结构体类型名,用于定义结构体变量。

例如,在管理学生三门课程的成绩时,需要学生姓名、学号、三门课程的成绩组成一个复合结构,可声明结构体类型如下。

```
struct student
{
    int num;                    //学号
    char name[20];              //姓名
    float score[3];             //三门课程成绩
};                              //声明结构体类型 struct student,含 3 个成员变量
```

学生学籍信息包括学生的学号、姓名、性别、年龄、专业名称、入学年份等信息,在管理时

可声明结构体类型如下：

```
struct Student {
    int studentID;
    char name[50];
    char gender;                    // 'M'表示男性,'F'表示女性
    int age;
    char major[50];
    int enrollmentYear;
};                                  //声明结构体类型 struct Student,含 6 个成员变量
```

上面列举的两个自定义类型中,结构体类型名分别为 struct student 和 struct Student,struct 为关键字,student 和 Student 需要满足标识符命名规范,且一般命名需反映自定义的作用。在实际应用中可能会用这两个不同的类型定义同一个学生的个体信息,但应用的场景存在差异。

声明一个结构体类型,并不意味着系统将分配一段内存单元来存放各数据项成员,因为这仅仅只声明了类型,只是为对象的产生提供了模具,并未产出具体的产品。

为了让多个函数都能使用自建的结构体类型,一般会在函数之外、源程序的开始部分声明结构体类型。

结构体类型不同于基本数据类型的特点：①由若干数据项组成,每个数据项称为一个结构体的成员,也可称为域；②结构体类型并非只能有一种,而可以有千千万万种。

### 8.1.2 结构体变量的定义

结构体变量有三种定义形式。

（1）先声明结构体类型,后定义结构体变量。

这是最常见的结构体变量定义形式,例如：

```
struct student
{
    int num;                    //学号
    char name[20];              //姓名
    float score[3];             //三门课程成绩
};                              //声明结构体类型 struct student,含 3 个成员变量
struct student stu1,stu2;       //定义结构体变量 stu1,stu2
```

（2）声明结构体类型的同时定义结构体变量。

这种方式将结构体类型的声明和结构体变量的定义合并在一起,例如：

```
struct student
{
    int num;                    //学号
    char name[20];              //姓名
    float score[3];             //三门课程成绩
}stu1,stu2;                     //声明结构体类型时定义结构体变量 stu1,stu2
```

（3）不声明结构体类型名，直接定义结构体变量。

一般形式为：

struct
{
    成员列表
}结构体变量列表；

这种方式一般是因为不需要或不允许在后续的代码中定义新的变量。

### 8.1.3　结构体变量的引用

#### 1. 结构体变量的初始化

在定义结构体变量的同时可使用花括号和逗号，运算符对结构体变量进行初始化。例如：

```
struct student stu1 ={20220418,"Alice", 100, 95,95};
struct student stu2 ={.num=20220419, .name="Tom"};
```

#### 2. 结构体成员的引用

由于 C 语言一般不允许对结构体变量的整体引用，所以对结构体的引用只能是对成员变量的引用，结构体变量中的任一成员可以表示为

**结构体变量名.成员名**

#### 3. 结构体变量赋值

可以将一个结构体变量赋值给同类型的其他变量，例如：

```
struct student stu1 ={20220418,"Alice", 100, 95,95},tempstu;
tempstu=stu1;
```

### 8.1.4　结构体与数组

在结构体类型的声明中，C 语言结构体允许其成员为数组类型，例如声明的 struct student 类型中的成员 name 和 score 分别为字符型数组和单精度浮点型数组。

除了能为基本类型定义数组外，C 语言也允许定义结构体数组，批量存储和管理多个同类型结构体对象。结构体数组的定义与结构体变量一样，同样有三种形式：①先定义结构体类型，后定义结构体数组；②定义结构体类型的同时定义结构体数组；③不定义结构体类型名，直接定义结构体数组。

结构体数组的定义和引用示例如下。

```
1   #include <stdio.h>
2   #include <string.h>
3
4   struct student
5   {
6       int num;                    // 学号
7       char name[20];              // 姓名
```

```
8      float score[3];                // 三门课程成绩
9   };
10
11  int main()
12  {
13      struct student stu[5] =
14      {
15          {101, "Alice", {90.5, 85.0, 92.5}},
16          {102, "Bob", {78.5, 88.0, 76.0}},
17          {103, "Charlie", {88.0, 92.5, 89.5}}
18      }; //定义数组 stu 并为其前三个元素进行初始化
19
20      // 输入后两个学生的信息
21      for (int i =3; i <5; i++)
22      {
23          printf("Enter information for student %d:\n", i +1);
24          printf("Student Number: ");
25          scanf("%d", &stu[i].num);
26          printf("Name: ");
27          scanf("%s", stu[i].name);
28          printf("Scores for 3 courses: ");
29          scanf("%f %f %f", &stu[i].score[0], &stu[i].score[1], &stu[i].score[2]);
30      }
31
32      // 输出全部学生的信息
33      printf("\nAll Students' Information:\n");
34      for (int i =0; i <5; i++)
35      {
36          printf("Student Number: %d\n", stu[i].num);
37          printf("Name: %s\n", stu[i].name);
38          printf("Scores for 3 courses: %.2f %.2f %.2f\n", stu[i].score[0],
39                  stu[i].score[1], stu[i].score[2]);
40      }
41      return 0;
42  }
```

## 8.1.5 结构体与指针

一方面结构体变量中的成员可以是指针变量,另一方面也可以定义指向结构体的指针变量,指向结构体的指针变量的值是某一结构体变量在内存中的首地址。

结构体指针的定义形式:

**struct** 结构体名   *结构体指针变量名

若结构体指针变量已指向某结构体变量,则引用该结构体变量成员的方法有:

```
结构体变量名.成员名              //方法 1
(*结构体指针变量名).成员名       //方法 2
结构体指针变量名->成员名          //方法 3
```

### 8.1.6　动态链表

为了批量管理同类型数据集合,C 语言提供了数组类型,但对于成员变化频繁,成员数不确定的集合,数组在存储空间管理、增加删除操作等方面存在不足。为此,人们经常采用动态链表管理这类数据集合。动态链表(dynamic linked list)是一种数据结构,由若干数据结点连接而成,用于在运行时动态管理数据的集合,能根据需要在内存中动态分配和释放存储空间。

数据结点代表数据集合中的数据个体,以及对后一个数据个体的指向,其定义形式如下:

```
struct node
{
    数据元素类型 data;
    /* data 用来存储数据结点中个体的数据。它的类型可以根据实际需求而定,可以是整数、浮
        点数、字符、自定义结构体等,根据链表的用途不同而有所变化 */
    struct node *next;
    /* next 指针变量存储 struct node 类型的数据结点地址,即指向下一个结点,可用于建立结
        点之间的连接。通过这种方式,多个结点按顺序连接在一起,形成链表的结构 */
};
```

通过数据结点的连接,多个结点形成链表。通过指向第一个结点位置的指针变量,可依次管理链表中的每个结点,进行增删查改等操作。

### 8.1.7　结构体与函数

结构体和函数的结合在 C 语言中非常常见,可以通过两种方式将结构体与函数关联起来:一是将结构体变量作为函数参数;二是将指向结构体变量的指针作为函数参数。

将结构体变量名作为函数的参数时,整个结构体变量的值会从实参传向形参,这种方式较直观,但如果结构体的成员很多,或者有些成员是数组,因为需要将全部成员一个一个地传递,既浪费时间,又浪费空间,开销太大。

将指向结构体变量的指针传递给函数时,无须传递整个结构体,还可以直接修改主调函数中结构体变量的内容,更适合大型结构体的处理。

### 8.1.8　使用 typedef 关键字声明新的类型名

使用 typedef 关键字可为现有的数据类型创建一个新的、易于记忆和使用的别名,在编写复杂的代码时有利于增加代码的可读性和可维护性。typedef 的基本语法如下:

```
typedef existing_type new_type_name;
```

existing_type 是已经存在的数据类型,new_type_name 是为该数据类型创建的新的类型名。

## 8.2　实　践　目　的

1. 加深对结构体基本概念的理解,能针对现实问题提取出有效表达各类个体的成员属性。

2. 掌握结构体类型的声明、结构体变量的定义和使用,能使用结构体对数据对象进行整体操纵。

3. 掌握结构体数组、结构体指针的定义与使用,可对现实问题中的对象实现整体、批量、高效管理。

## 8.3　实　践　范　例

**【范例1】** 阅读分析程序

要求:编辑下面两个源程序,对比分析程序异同,说明差异的原因,执行结果验证分析,最后完成填空。

视频讲解

//exa8-1a.c

```
1    #include <stdio.h>
2    #include <string.h>
3
4    void sortStudents(char names[][50], int ids[], int scores[])
5    {
6        int i, j;
7        char tempName[50];
8        int tempId, tempScore;
9        int n =10;
10       for (i =0; i <n -1; i++)
11           for (j =0; j <n -i -1; j++)
12               if (scores[j] <scores[j +1])
13               {
14                   strcpy(tempName, names[j]);
15                   strcpy(names[j], names[j +1]);
16                   strcpy(names[j +1], tempName);
17
18                   tempId =ids[j];
19                   ids[j] =ids[j +1];
20                   ids[j +1] =tempId;
21
22                   tempScore =scores[j];
23                   scores[j] =scores[j +1];
24                   scores[j +1] =tempScore;
25               }
26   }
```

```
27
28   int main()
29   {
30       char names[10][50];
31       int ids[10];
32       int scores[10];
33       int i;
34       // 输入学生信息
35       for (i = 0; i < 10; i++)
36       {
37           printf("请输入第%d个学生的姓名：", i + 1);
38           scanf("%s", names[i]);
39           printf("请输入第%d个学生的学号：", i + 1);
40           scanf("%d", &(ids[i]));
41           printf("请输入第%d个学生的成绩：", i + 1);
42           scanf("%d", &(scores[i]));
43       }
44       sortStudents(names, ids, scores);          // 按成绩排序
45       printf("排名后的学生信息：\n");
46       for (i = 0; i < 10; i++)                   // 输出排名后的信息
47           printf("姓名：%s,学号：%d,成绩：%d\n", names[i], ids[i], scores[i]);
48       return 0;
49   }
```

//exa8-1b.c

```
1    #include <stdio.h>
2    #include <string.h>
3
4    struct Student
5    {
6        char name[50];
7        int id;
8        int score;
9    };
10
11   void sortStudents(struct Student students[])
12   {
13       int i, j;
14       struct Student temp;
15       int n = 10;
16       for (i = 0; i < n - 1; i++)
17           for (j = 0; j < n - i - 1; j++)
18               if (students[j].score < students[j + 1].score)
19               {
20                   temp = students[j];
```

```
21                    students[j] = students[j + 1];
22                    students[j + 1] = temp;
23                }
24  }
25
26  int main()
27  {
28      struct Student students[10];
29      int i;
30      for (i = 0; i < 10; i++)                    // 输入学生信息
31      {
32          printf("请输入第%d个学生的姓名: ", i + 1);
33          scanf("%s", students[i].name);
34          printf("请输入第%d个学生的学号: ", i + 1);
35          scanf("%d", &(students[i].id));
36          printf("请输入第%d个学生的成绩: ", i + 1);
37          scanf("%d", &(students[i].score));
38      }
39      sortStudents(students);                     // 按成绩排序
40      printf("排名后的学生信息: \n");
41      for (i = 0; i < 10; i++)                    // 输出排名后的信息
42          printf("姓名: %s,学号: %d,成绩: %d\n", students[i].name, students[i].id,
43                  students[i].score);
44      return 0;
45  }
```

| 相同点 | |
|--------|--|
| 不同点 | |
| 运行结果 | |

**范例分析**：本范例主要考查具有多种属性的个体信息在采用结构体和不采用结构体管理时，在程序编码实现上的异同。

程序 exa8-1a.c 定义了 3 个数组分别存储学号、姓名和成绩（第 30～32 行），然后输入学生信息（第 34～43 行），接下来调用 sortStudents() 函数用冒泡排序实现按成绩排序，最后输出结果。由于学号、姓名和成绩是三个独立的数组，在 sortStudents() 函数调用时需要 3 个参数分别存储这 3 个数组的首地址，并且在 sortStudents() 函数体内对成绩交换顺序时（第 14～16 行），学号和姓名需有相应的交换代码（第 18～20 行和第 22～24 行）。

程序 exa8-1b.c 声明了包含学号、姓名和成绩信息的结构体（第 4～9 行），然后定义了学生结构体数组（第 28 行）。在输入结构体数组元素各成员的值以后（第 30～38 行），调用 sortStudents() 函数用冒泡排序进行排序（第 39 行），其中参数为结构体数组名 students。在 sortStudents() 函数实现排序时，交换结构体数组元素地址即可（第 20～22 行）。

**处理结果**：按照以上分析，可进行如下作答。

| 相同点 | 两个程序均采用冒泡排序算法对学生信息按成绩排序；<br>两个程序均按成绩从高到低的顺序输出排序结果,输出结果相同 |
|---|---|
| 不同点 | exa8-1a.c 采用 3 个独立的数组分别管理学号、姓名和成绩信息,需要用代码保证 3 个数组中下标相同的元素对应同一学生信息；<br>exa8-1b.c 采用结构体数组管理学生的学号、姓名和成绩信息,当数组元素按成绩排序时,自动保证信息的整体一致 |
| 运行结果 | E:\C-programming\source-program\exa8-1a.exe — □ ×<br>请输入第4个学生的姓名: Tom<br>请输入第4个学生的学号: 220416<br>请输入第4个学生的成绩: 100<br>请输入第5个学生的姓名: Harry<br>请输入第5个学生的学号: 220512<br>请输入第5个学生的成绩: 88<br>排名后的学生信息:<br>姓名: Tom, 学号: 220416, 成绩: 100<br>姓名: Moon, 学号: 220219, 成绩: 97<br>姓名: Oscar, 学号: 220208, 成绩: 95<br>姓名: Cindy, 学号: 220217, 成绩: 93<br>姓名: Harry, 学号: 220512, 成绩: 88<br><br>Process returned 0 (0x0)   execution time : 307.911 s<br>Press any key to continue.<br><br>（输出时改为 5 人,仅显示部分输入信息） |

【范例 2】 补充程序

在一些链表中会建立头结点,头结点是在链表第一个结点之前附设的一个结点,其数据域可以不存储任何信息。其作用是使所有链表的头指针(含空链表)非空,并使对链表的插入、删除操作不需要区分是否为空表或是否在第一个位置进行,从而与其他位置的插入、删除操作保持一致。

下列代码实现的功能为：建立一个带有头结点的链表,并将存储在数组中的字符依次转存到链表的各个结点中。请依据题目要求,分析已给出的语句,按要求填写空白。不要改动程序结构。

```
1   #include<stdio.h>
2   #include<stdlib.h>
3
4   struct node
5   {
6       char data;
7       struct node * next;
8   };
9
10  _____CreatList(char * s)                //函数类型?
11  {
12      struct node * h, * p, * q;
13      h=(struct node * ) malloc(sizeof(struct node));
14      p=q=h;
15      while( * s!='\0' )
16      {
17          p=(struct node * ) malloc(sizeof(struct node));
```

```
18        p->data= * s;
19        q->next=_____;                    //?
20        q=p;
21        s++;
22      }
23      p->next=NULL;
24      return h;
25  }
26
27  int main()
28  {
29      char str[50];
30      struct node * head, * p;
31      printf("Please input content for the character array:");
32      gets(str);
33      head=CreatList(str);
34      p=head->next;
35      while (p)
36      {
37          printf("%5c",p->data);
38          p=_____;                        //?
39      }
40      return 0;
41  }
```

**范例分析**：本范例主要考查点如下。

第 1 空：函数类型。题目中未给出函数类型的声明，需要根据程序逻辑和返回值进行判断。在这个例子中，函数名为 CreatList，根据函数名的命名规则和程序的功能，可以猜测该函数的作用是创建链表，并返回链表的头指针。因此，函数类型应该是指向结构体类型 struct node 的指针，即 struct node * 。

第 2 空：链表结点的连接。根据程序的逻辑，q 是上一个结点，p 是当前结点。需要将上一个结点的 next 指针指向当前结点，以建立链表的连接关系。因此，应该填写 p。

第 3 空：链表结点的遍历。在主函数中，使用指针 p 遍历链表的每个结点并输出其数据。当指针 p 为 NULL 时，表示已经遍历完所有结点，循环结束。因此，应该填写 p->next。

**处理结果**：根据上述分析，可补充填空为 struct node * 、p 、p->next 。补充代码后，程序运行结果为：

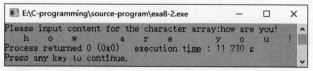

**【范例 3】** 调试程序

要求：下列程序的功能是建立一个包含学生有关数据的链表，要求用户输入学生信息，直到用户输入的学号为 0 时停止建表。分析已给出的语句，要求判断调试运行该程序是否正确,若有错,写出错在何处,并填写正确的运行结果。

```
1    #include<stdio.h>
2    #include<stdlib.h>
3
4    struct stud
5    {
6        int num;
7        char name[10];
8        float score;
9        struct stud * next;
10   };
11
12   struct stud create()
13   {
14       struct stud * head, * p1, * p2;
15       int n=0;
16       p1=p2=(struct stud * )malloc(sizeof(struct stud));
17       scanf("%d",&p1->num);
18       getchar();
19       gets(p1->name);
20       scanf("%f",&p1->score);
21       head=NULL;
22       while(p1!=0)
23       {
24           n=n+1;
25           if(n==1) head=p1;
26           else p2->next=p1;
27           p1=(struct stud * )malloc(sizeof(struct stud));
28           scanf("%d",&p1->num);
29           getchar();
30           gets(p1->name);
31           scanf("%f",&p1->score);
32       }
33       p2->next=NULL;
34       return(head);
35   }
36
37   int main()
38   {
39       struct stud * L, * p;
40       L=create();
41       p=L;
42       while(p)
43       {
44           printf("%d,%s,%f\n",p->num,p->name,p->score);
```

```
45          p=p->next;
46      }
47      return 0;
48  }
```

| | |
|---|---|
| 存在问题 | |
| 修改思路 | |
| 正确代码 | · |
| 运行结果 | |

**范例分析**：本范例考查链表的建立、函数类型为指向结构体的指针、结构体与数值的比较等。

首先，函数的返回类型需要满足应用需要，create()函数完成链表的建立，并将第一个结点的位置返回主调函数，因此函数的返回类型为结构体类型不正确。

其次，链表的建立需要结点依次相连，需要将前一个结点的指针变量成员指向下一个结点，并在连接后有指针指向新的尾部，上述代码均无。

再次，判断某结点的学号是否为0时，不能用结点直接比较，需要用结点的成员变量。

最后，结点创建、赋值等操作的顺序需要优化，先生成结点再赋值可能导致不合理结点生成。

**处理结果**：根据分析，可填空如下。

| | |
|---|---|
| 存在问题 | (1) 函数声明错误：struct stud create()的函数类型 struct stud(第12行)与返回值类型(第34行)和函数调用结果赋值类型(第40行)不一致。<br>(2) 循环条件错误：在函数 create()中，循环条件 while(p1!=0)(第22行)使用错误，条件表达式中数据类型不一致，且与应用需要不符。<br>(3) 链表连接错误：在函数 create()中，生成新的结点且用 p1 指向(第27行)后，未实现 p1 链接到 p2 之后，也未将 p2 移动到新的尾部。<br>(4) 多余结点错误：由于 create()函数中先生成点，再输入点的值，最后判断其中的学号(num)是否合法，导致了不合法的学号为0的结点多余 |
| 修改思路 | (1) 将 struct stud create()函数类型改为 struct stud * create()。<br>(2) 第22行的循环条件改为 p1->num!=0。<br>(3) 在输入 p1 指向的结点信息之后(即第31行之后)，增加：p2->next=p1;<br>　　　　　　　　　　p2=p1;<br>(4) 定义整型变量接收用户输入的学号，若不为0再生成结点，且将 num 的值赋值给新生成结点的 num 成员变量，然后再输入其他信息 |
| 正确代码 | ```#include<stdio.h>`<br>`#include<stdlib.h>`<br>`struct stud`<br>`{`<br>`    int num;`<br>`    char name[10];`<br>`    float score;`<br>`    struct stud * next;`<br>`};`<br>``<br>`struct stud * create()``` |

| | |
|---|---|
| 正确代码 | ```c
{
    struct stud * head, * p1, * p2;
    int num,n=0;
    scanf("%d",&num);
    while(num)
    {
        p1=(struct stud * )malloc(sizeof(struct stud));
        p1->num=num;
        getchar();
        gets(p1->name);
        scanf("%f",&p1->score);
        if(!n)
        {
            head=p2=p1;
            n++;
        }
        else
        {
            p2->next=p1;
            p2=p1;
        }
        scanf("%d",&num);
    }
    p2->next=NULL;
    return(head);
}

int main()
{
    struct stud * L, * p;
    L=create();
    p=L;
    while(p)
    {
        printf("%ld,%s,%f\n",p->num,p->name,p->score);
        p=p->next;
    }
    return 0;
}
``` |
| 运行结果 | E:\C-programming\source-program\exa8-3-R.exe    —   □   ✕<br><br>20220401<br>Alice<br>92<br>20220408<br>Tom<br>100<br>20220416<br>John<br>88<br>0<br>20220401, Alice, 92. 000000<br>20220408, Tom, 100. 000000<br>20220416, John, 88. 000000<br><br>Process returned 0 (0x0)    execution time : 102. 053 s<br>Press any key to continue. |

【范例4】 编写程序

范例描述：飞机的安全降落对跑道长度有要求，不同的机型对跑道长度的要求不同。现有一架飞机在飞行途中遇紧急情况需要尽快降落，希望在周围找到满足跑道长度要求的、离飞机最近的机场。现已知飞机的坐标、能降落该飞机的跑道最短长度要求、机场名、机场

视频讲解
```

坐标和机场跑道长度,请输出最符合降落要求的机场。

**范例分析**:根据题意,本范例需完成以下功能。

(1)声明结构体类型,包括飞机信息结构体类型(含坐标、最短起降距离等成员)和机场信息结构体类型(含机场名、坐标、跑道长度等成员)。

(2)在满足跑道要求的机场中,计算飞机到机场的距离。

(3)找到(2)中计算的距离最小值,输出机场信息。

**范例代码**:根据上述分析,可编写代码如下。

```c
1   #include <stdio.h>
2   #include <math.h>
3   #define MAX_AIRPORTS 10
4
5   typedef struct
6   {
7       double x;
8       double y;
9   } Coordinate;                          // 坐标结构体
10
11  typedef struct
12  {
13      double requiredRunwayLength;
14      Coordinate position;
15  } Aircraft;                            // 飞机结构体
16
17  typedef struct
18  {
19      char name[100];
20      Coordinate position;
21      double runwayLength;
22  } Airport;                             // 机场结构体
23
24  // 计算两个坐标之间的距离
25  double calculateDistance(Coordinate a, Coordinate b)
26  {
27      return sqrt(pow(b.x - a.x, 2) + pow(b.y - a.y, 2));
28  }
29
30  int main()
31  {
32      // 输入飞机信息
33      Aircraft aircraft;
34      printf("请输入飞机的坐标(x y): ");
35      scanf("%lf %lf", &aircraft.position.x, &aircraft.position.y);
36      printf("请输入飞机需要的最低跑道长度: ");
37      scanf("%lf", &aircraft.requiredRunwayLength);
```

```
38      // 输入机场信息
39      Airport airports[MAX_AIRPORTS];
40      int numAirports;
41      printf("请输入机场的个数(不超过%d个): ", MAX_AIRPORTS);
42      scanf("%d", &numAirports);
43      for (int i = 0; i < numAirports; i++)
44      {
45          printf("请输入第%d个机场的名字: ", i + 1);
46          scanf("%s", airports[i].name);
47          printf("请输入第%d个机场的坐标(x y): ", i + 1);
48          scanf("%lf %lf", &airports[i].position.x, &airports[i].position.y);
49          printf("请输入第%d个机场的跑道长度: ", i + 1);
50          scanf("%lf", &airports[i].runwayLength);
51      }
52      Airport closestAirport;
53      double closestDistance = -1;
54      for (int i = 0; i < numAirports; i++)        // 查找最符合要求的机场
55      {
56          double distance = calculateDistance(aircraft.position, airports[i].
            position);
57          if (distance <= closestDistance || closestDistance == -1)
58            if (aircraft.requiredRunwayLength <= airports[i].runwayLength)
59            {
60                closestDistance = distance;
61                closestAirport = airports[i];
62            }
63      }
64      // 输出最符合要求的机场信息
65      printf("最符合要求的机场是: %s\n", closestAirport.name);
66      printf("距离飞机最近的机场坐标: (%.2lf, %.2lf)\n", closestAirport.position.
        x, closestAirport.position.y);
67
68      printf("机场的跑道长度: %.2lf\n", closestAirport.runwayLength);
69      return 0;
70  }
```

运行结果:

```
E:\C-programming\source-program\exa8-4.exe          —   □   ×
请输入飞机的坐标(x y): 240 408.8
请输入飞机需要的最低跑道长度: 3000
请输入机场的个数(不超过10个): 3
请输入第1个机场的名字: 长沙
请输入第1个机场的坐标(x y): 524 1023.8
请输入第1个机场的跑道长度: 3900
请输入第2个机场的名字: 张家界
请输入第2个机场的坐标(x y): 230 450
请输入第2个机场的跑道长度: 2800
请输入第3个机场的名字: 武汉
请输入第3个机场的坐标(x y): 908.6 1508.3
请输入第3个机场的跑道长度: 4500
最符合要求的机场是: 长沙
距离飞机最近的机场坐标: (524.00, 1023.80)
机场的跑道长度: 3900.00

Process returned 0 (0x0)   execution time : 111.066 s
Press any key to continue.
```

# 8.4 注意事项

（1）在使用结构体之前，必须先声明结构体类型，指定结构体的成员变量及其数据类型。

（2）通过使用结构体变量名和成员运算符"."，可以访问结构体中的成员变量。

（3）可以将结构体作为函数参数传递，可通过值传递或指针传递来操作结构体。

（4）结构体可以嵌套在其他结构体中，形成复杂的数据结构。

# 8.5 实践任务

## 8.5.1 阅读分析程序

任务 1. 编辑程序，分析程序功能和运行结果，然后运行程序，验证分析结果是否正确，完成填空。

```
1   #include<stdio.h>
2   #include <string.h>
3   struct Student
4   {
5       int num;
6       float TotalScore;
7   };
8
9   void f( struct Student p )
10  {
11      struct Student s[2] = { { 220208, 620 }, { 220210, 611 } };
12      p.num = s[1].num;
13      p.TotalScore = s[1].TotalScore;
14  }
15
16  int main( )
17  {
18      struct Student s[2] = { { 220401, 701 }, { 220402, 595 } };
19      f( s[0] );
20      printf ( "%d %3.0f\n", s[0].num, s[0].TotalScore );
21      return 0;
22  }
```

| 分析结果 | |
|---|---|
| 运行结果 | |

任务 2. 编辑程序，分析程序功能和运行结果，然后运行程序，验证分析结果是否正确，

完成填空。

```
1   #include<stdio.h>
2   #include<stdlib.h>
3   struct NODE
4   {
5       int num;
6       struct NODE * next;
7   };
8
9   int main ( )
10  {
11      struct NODE * p, * q, * r;
12      p = ( struct NODE * ) malloc ( sizeof ( struct NODE ) ) ;
13      q = ( struct NODE * ) malloc ( sizeof ( struct NODE ) ) ;
14      r = ( struct NODE * ) malloc ( sizeof ( struct NODE ) ) ;
15      p->num =10;
16      q->num =20;
17      r->num =30;
18      p->next=r;
19      r->next =q;
20      q->next =p;
21      printf ( "%d\n", p->num+q->next->num ) ;
22      return 0;
23  }
```

| 分析结果 | |
|---|---|
| 运行结果 | |

## 8.5.2  补充程序

要求：依据题目要求，分析已给出的语句，按要求填写空白。不要改动程序结构。

任务. 下列程序功能为，当用户按格式要求从键盘上输入任意一天（包括年月日），计算并输出该日在当年中是第几天，需要考虑闰年问题。

```
1   #include<stdio.h>
2   struct datetype
3   {
4       int year;
5       int month;
6       int day;
7   } date;
8
9   int main()
```

```
10  {
11      int i,day_sum;
12      int day_tab[13]={0,31,28,31,30,31,30,31,31,30,31,30,31};
13      printf("请输入年、月、日:\n");
14      scanf("%d,%d,%d",&date.year, &date.month, &date.day);
15      day_sum=0;
16      for(i=1; i<date.month; i++)day_sum+=day_tab[i];
17      _____ ;
18      if((date.year %4 ==0 && date.year %100 !=0 || date.year %400 ==0)
19                          && _____)
20          day_sum+=1;
21      printf("%d月%d日是%d年的第%d天\n",date.month, date.day, date.year,
22                          day_sum);
23      return 0;
24  }
```

## 8.5.3 调试程序

要求:判断调试运行下列程序是否正确,若有错,指出存在的问题,提出修改思路,编写正确代码,执行后填写正确的运行结果。

```
1   #include<stdio.h>
2   int main()
3   {
4       struct student
5       {
6           int num;
7           char name[10];
8           char sex;
9       }
10      struct student stu, * p;
11      student.num=120;
12      scanf("%s",stu.name);
13      scanf("%c",stu.sex);
14      p=&stu;
15      printf("%d %s %c", * p);
16      return 0;
17  }
```

| 正　确 | 运行结果: | |
|---|---|---|
| 错　误 | 错误所在行: | |
| | 应改为: | |

### 8.5.4　编写程序

下列编程中均需声明结构体类型。

任务 1. 声明一个存放学生某选修课信息的结构体类型,包括姓名、学号、年级、院系、成绩,要求在随意输入数据后,按照学号顺序输出学生信息;然后由用户输入院系名称,统计该院学生人数,并显示成绩不及格的学生信息(成绩小于 60 分)。

任务 2. 声明一个表示平面中点坐标的结构体类型,然后输入三个点的坐标,判断这三点是否能构成三角形,若能构成,求出三边的边长。

# 第9章 文　　件

在前几章,各程序中的数据或是程序代码指定的各种常量,或来自用户输入。这些数据存储于内存之中,可用于表达式计算、函数调用等,处理结果也存在于内存中或输出到屏幕显示。当函数调用结束或程序执行终止时,程序中的部分或全部数据将被清除,无法持久保存,难以实现数据共享。为此,许多高级语言提供了文件存储、数据库管理等持久化方式,实现数据持久保存与便捷共享。本章简单介绍文件的打开、读写、定位、关闭等知识,并通过文件读写应用的实例讲解和实战训练,帮助读者培养数据持久保存意识,提升数据管理和操纵能力,开发出满足数据交互、存储、共享等现实应用需要的程序。

## 9.1　知　识　简　介

### 9.1.1　文件概述

**1. 什么是文件**

文件是计算机系统中用于存储和组织数据的一种重要方式,文件中可包含文本、图像、音频、视频等各种类型的信息。文件通常存储在外部存储介质(例如硬盘、SSD、网络驱动器等)上,程序可通过文件读写操作将文件的内容加载到内存中进行处理,然后再将处理后的数据写回文件或与其他程序进行信息交换。

**2. 存储形式**

在 C 语言读写的数据文件中,有两种数据存储形式:一种以字符形式存放,这种文件称为字符文件,也称文本文件;另一种是以二进制代码形式存放,这种文件称为二进制文件。

**3. 标准文件与非标准文件**

相对于内存储器,程序对磁盘等外部存储器的访问速度要慢很多。为此,在文件系统中往往使用缓冲技术,即系统在内存中为每个正在读写的文件开辟一个缓冲区,利用缓冲区完成文件读写操作称为标准文件操作。不使用缓冲区的磁盘文件系统称为非缓冲文件系统,也称非标准文件系统。

### 9.1.2　文件类型指针

FILE 类型是 C 语言标准库(stdio.h)中定义的结构体类型,用于表示文件对象。它是一个抽象的数据类型,通常作为指针来使用。其定义形式如下:

```
FILE   * fp;
```

FILE 类型的指针用于与文件进行交互,包括文件的打开、关闭、读取和写入等操作。

FILE 结构体的内部实现是平台依赖的,通常包含了一些用于跟踪文件状态的信息,例如文件位置、文件模式、缓冲区等。程序员通常不需要知道 FILE 结构体的内部细节,只需要使用相应的 FILE 指针和标准库函数来执行文件操作。

### 9.1.3 文件打开/关闭

**1. 文件打开**

在 C 语言中，打开文件就是建立程序与操作系统之间的联系，允许程序与指定的文件进行交互。

C 语言使用 fopen() 函数实现文件打开，其函数原型为：

```
FILE * fopen(char * filename, char * mode);
```

filename 是一个字符串，表示要打开的文件的名称或路径。mode 也是一个字符串，表示打开文件的模式，用于指定文件如何被打开以及可以执行哪些操作。常用的打开模式见表 9-1。

表 9-1 文件打开模式说明

| 打开方式 | 模 式 | 说 明 |
|---|---|---|
| "r" | 只读模式 | 打开文件仅供读取；如果文件不存在，打开失败；打开文件后，文件指针位于文件开头 |
| "w" | 只写模式 | 打开文件仅供写入；如果文件存在，文件内容将被截断为空文件；如果文件不存在，则会创建一个新文件；打开文件后，文件指针位于文件开头 |
| "a" | 追加模式 | 打开文件仅仅供写入；如果文件存在，文件指针位于文件末尾，可以在文件末尾添加数据；如果文件不存在，则会创建一个新文件 |
| "r+" | 读写模式 | 打开文件供读取和写入；如果文件不存在，打开失败；打开文件后，文件指针位于文件开头 |
| "w+" | 读写模式 | 打开文件供读取和写入；如果文件存在，文件内容将被截断为空文件；如果文件不存在，则会创建一个新文件；打开文件后，文件指针位于文件开头 |
| "a+" | 读写模式 | 打开文件供读取和写入；如果文件存在，文件指针位于文件末尾，可以在文件末尾添加数据；如果文件不存在，则会创建一个新文件 |
| "rb" | 二进制只读模式 | 以二进制格式打开文件仅供读取。其他规则同"r" |
| "wb" | 8 二进制只写模式 | 以二进制格式打开文件仅供写入。其他规则同"w" |
| "ab" | 二进制追加模式 | 以二进制格式打开文件仅供写入。其他规则同"a" |

当用 fopen() 函数成功地打开一个文件时，该函数将返回一个 FILE 指针；如果文件打开操作失败，则函数返回值是一个 NULL 空指针。fopen() 函数的返回值需赋给一个 FILE 结构指针变量，然后可用该指针变量来访问这个文件，否则此函数的返回值会丢失，进而导致程序无法对此文件进行操作。

在 C 语言中，还有三个标准的预定义文件指针 stdin、stdout 和 stderr，他们是 FILE 类型的全局变量，通常与终端（控制台）交互，但也可以重定向到文件。

stdin 是标准输入文件指针，关联到键盘等输入终端，获取用户输入数据。stdout 是标准输出文件指针，关联到屏幕等输出终端，可将数据输出到屏幕。stderr 是标准错误文件指针,通常也关联到屏幕等输出终端,用于输出错误消息和诊断信息,一般不会被重定向。

**2. 文件关闭**

在 C 程序中,打开的文件在完成读写操作后必须关闭,以确保释放文件资源并防止资源泄漏;关闭文件还有助于确保对文件所做的更改得以保存。

使用 fclose()函数可以关闭已打开的文件,释放相关资源。函数说明如下所示。

```
int fclose (FILE * stream);
```

stream 为指向 FILE 结构体的指针变量,该指针变量指向要关闭的文件。

## 9.1.4　文件读写

一旦文件成功打开,就可使用不同的函数来读取文件的内容。常用的文件读写函数包括:(1)字符读写函数 fgetc()和 fputc();(2)字符串读写函数 fgets()和 fputs();(3)格式化读写函数 fscanf()和 fprintf();(4)数据块读写函数 fread()和 fwrite()。

**1. 字符读写函数 fgetc()和 fputc()**

fgetc()用于从文件中读取一个字符。函数原型为:

```
int fgetc(FILE * stream);
```

(1) 参数 stream 是一个指向已经打开文件的指针变量,下文关于文件操作的各个函数中的参数 stream 含义均相同,将不再说明。

(2) 返回值是被读取的字符,以整数形式返回;如果达到文件末尾或发生错误,则返回 EOF(End Of File,通常是 -1)。每次成功读取一个字符后,文件指针都会自动移到文件中的下一个字符位置。

fputc()用于将一个字符写入文件。函数原型为

```
int fputc(int character, FILE * stream);
```

(1) 参数 character 是要写入文件的字符,以整数形式提供。

(2) 返回值是写入成功的字符,如果出现错误,则返回 EOF。每次调用 fputc()成功写入一个字符后,文件指针会自动移动到文件中的下一个位置,以准备写入下一个字符。

下面代码用 fgetc()逐个读取 input.txt 中的字符,然后利用 fputc()函数逐个写入 output.txt 文件中。

```
1    #include <stdio.h>
2
3    int main()
4    {
5        FILE * inputFile, * outputFile;
6        int character;
7
8        // 打开输入文件以供读取
9        inputFile = fopen("input.txt", "r");
10       if (inputFile == NULL)
11       {
```

```
12              perror("Failed to open input file");
13                      //perror()函数的功能是打印一个系统错误信息
14              return 1;
15      }
16
17      // 打开输出文件以供写入
18      outputFile = fopen("output.txt", "w");
19      if (outputFile == NULL)
20      {
21          perror("Failed to open output file");
22          fclose(inputFile);// 关闭输入文件
23          return 1;
24      }
25
26      // 使用 fgetc 读取输入文件的字符,并使用 fputc 写入输出文件
27      while ((character = fgetc(inputFile)) != EOF)
28         if (fputc(character, outputFile) == EOF)
29         {
30              perror("Failed to write to output file");
31              fclose(inputFile);              //关闭输入文件
32              fclose(outputFile);             //关闭输出文件
33              return 1;
34         }
35
36      // 关闭文件
37      fclose(inputFile);
38      fclose(outputFile);
39
40      printf("File copied successfully.\n");
41      return 0;
42  }
```

运行前,input.txt 和 output.txt 中的内容如下。

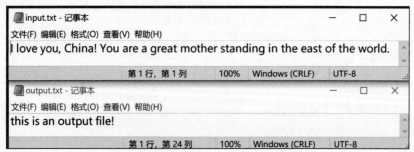

程序运行结果及运行后 output.txt 中内容如下。

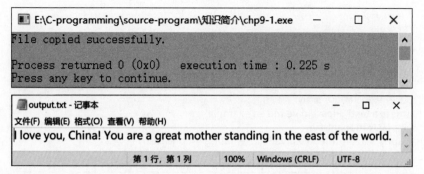

上例演示了如何使用 fgetc()和 fputc()函数进行文件字符的读取和写入操作。当读取文件时，使用 while 循环来逐字符读取文件内容，直到文件末尾。当写入文件时，可以使用 fputc()函数将字符逐个写入文件。

**注意**：在文件操作后，不要忘记使用 fclose()函数来关闭文件。

**2. 字符串读写函数 fgets()和 fputs()**

fgets()用于从文件中读取一行文本（包括换行符 \n）。函数原型为：

**char * fgets(char * str, int n, FILE * stream);**

（1）参数 str 是一个指向字符数组的指针，用于存储读取的文本。

（2）参数 n 是要读取的最大字符数（包括空字符 \0）。当 n 小于或等于所读取位置到该行末尾的长度时，读取 n 个字符；当 n 大于读取行剩余的字符个数时，读取该行剩余的全部字符。

（3）返回值是指向存储在 str 中的字符串首地址，或者在达到文件末尾或出现错误时返回 NULL。每次成功调用 fputs()函数后，文件指针会指向上次读取的最后一个字符之后的位置。

下面是关于 fgets()函数读取文件中字符串的示例。

```
1   #include <stdio.h>
2
3   int main()
4   {
5       char buffer[50];        //用于存储 fgets()函数最近一次读取
                                //的信息
6       int i=1;                //用于记录是第几次调用 fgets()函数
7       FILE * file =fopen("example.txt", "r");
8       if (file ==NULL)
9       {
10          perror("Failed to open file");
11          return 1;
12      }
13      // 使用 fgets 读取一行文本,最多 30 个字符
14      while(fgets(buffer, 30, file)!=NULL)
15          printf("第%d次读文件: %s",i++, buffer);
16      fclose(file);           //关闭文件
```

```
17       return 0;
18   }
```

example.txt 文件中的内容如下。

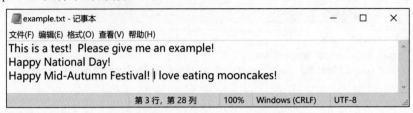

运行结果为：

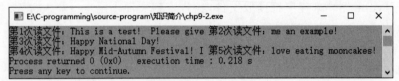

**注**：若需保证每次读取一整行字符而不截断，调用 fgets()的实参中需设置较大的 buffer 空间和较大的 n 值。

fputs()用于将一个字符串写入文件。函数原型为：

**int fputs(const char \* str, FILE \* stream);**

（1）参数 str 是要写入文件的字符串，必须是以空字符\0 结尾的 C 字符串。

（2）返回值是非负值表示成功，EOF 表示出现错误。

**3. 格式化读写函数 fscanf()和 fprintf()**

fscanf()用于从文件中按照指定格式读取数据。函数原型为：

**int fscanf(FILE \* stream, const char \* format, ...);**

（1）参数 format 是一个格式字符串（类似于 scanf()函数中的格式字符串），指定了如何解析文件中的数据。

（2）可变参数(...)用于将读取的数据存储在指定的变量中。

（3）返回值是成功读取的数据项的数量，如果达到文件末尾或出现错误，则返回 EOF。

**注**：fscanf()函数在默认情况下会以空格、制表符、换行符等空白字符作为分隔符来解析输入文本。这意味着在使用 fscanf()时，它会将输入文本按空白字符分隔成不同的字段，并将字段的内容存储在相应的变量中。

fprintf()用于将数据按照指定的格式写入文件。函数原型为：

**int fprintf(FILE \* stream, const char \* format, ...);**

（1）fprintf()函数参数与 fscanf()函数参数基本相同，可变参数(...)用于提供要写入文件的数据。

（2）函数返回值是成功写入的字符数，如果出现错误，则返回负值。

**4. 数据块读写函数 fread()和 fwrite()**

fread()和 fwrite()是 C 语言标准库中的数据块读写函数，它们用于以二进制形式从文件中读取数据块或将数据块写入文件。这两个函数不会进行格式化，因此适用于处理二进制数据或自定义文件格式。

fread()用于从文件中读取数据块。函数原型为：

**size_t fread(void * ptr, size_t size, size_t count, FILE * stream);**

（1）参数 ptr 是一个指向存储读取数据的内存块的指针。

（2）参数 size 是每个数据项的字节数。

（3）参数 count 是要读取的数据项的数量。

（4）返回值是成功读取的数据项的数量，如果发生错误或到达文件末尾，返回值可能小于 count。

**注**：size_t 是 C 语言标准库中定义的一个无符号整数类型，通常用于表示对象的大小或数组的索引。在不同的系统上，size_t 的实际大小可以不同，但它通常足够大以容纳系统中可能的最大对象。

fwrite()用于将数据块写入文件。函数原型为：

**size_t fwrite(const void * ptr, size_t size, size_t count, FILE * stream);**

（1）参数与 fread()对应。

（2）返回值是成功写入的数据项的数量。若发生错误，返回值可能小于 count。

## 9.1.5 文件定位

**1. fseek()函数**

在 C 语言中，可使用 fseek()函数来进行文件定位，以便移动文件指针到文件中的特定位置。文件定位可以用于在文件中随机访问数据，而不仅是顺序读取或写入。

fseek()函数的原型如下：

**int fseek(FILE * stream, long offset, int origin);**

（1）offset 是要移动的偏移量，它可以是正数（向文件末尾方向移动）或负数（向文件开头方向移动）。

（2）origin 表示相对于哪个位置进行偏移的标志，可以是以下常量之一。

① SEEK_SET：相对于文件开头。

② SEEK_CUR：相对于当前位置。

③ SEEK_END：相对于文件末尾。

**2. rewind()函数**

rewind()函数用于将文件指针重新定位到文件的开头。它没有参数，只需传递已经打开的文件指针作为目标。函数原型为：

**void rewind(FILE * stream);**

**3. ftell()函数**

ftell()函数用于获取文件指针的当前位置（偏移量）相对于文件开头的字节数。它接收一个已经打开的文件指针作为参数，并返回一个 long 类型的值，表示文件指针的当前位置。函数原型为：

```
long ftell(FILE * stream);
```

### 9.1.6 文件读写的出错检测

**1. ferror()函数**

ferror()函数是 C 标准库提供的文件错误检测函数。这个函数通常与文件操作函数一起使用,以确定先前的文件操作是否成功。

ferror()函数的原型如下:

```
int ferror(FILE * stream);
```

如果 stream 的错误指示标志被设置,则 ferror()返回一个非零值;如果 stream 的错误指示标志未被设置(表示没有发生错误),则 ferror()返回零。

**2. clearerr()函数**

clearerr()函数用于清除给定文件流的错误标志,将其重置为无错误状态。这可以在文件操作之前或之后使用,以确保文件流处于可用状态。

clearerr()函数的原型如下:

```
void clearerr(FILE * stream);
```

clearerr()函数不返回任何值,它只是清除文件流的错误标志。

## 9.2 实 践 目 的

(1)熟悉 C 语言中文件的打开、读取、写入和关闭等基本操作,了解文件在计算机系统中的重要性和使用方法。

(2)掌握文件读取和写入的各种技巧和方法,如按字节、按行、按格式等方式进行文件读写操作,提高对文件处理的灵活性和效率。

(3)理解文件定位操作的原理和用法,掌握使用 fseek()函数进行文件指针的定位,并能够灵活地操作文件位置指针进行读写操作。

(4)学习如何进行错误处理、异常情况处理以及相关的文件错误检测和纠错技巧。

## 9.3 实 践 范 例

视频讲解

【范例 1】 阅读分析程序

要求:编辑下面两个源程序,对比分析程序异同,说明差异的原因。运行两个程序,其中打开读入的文件内容如下,观察对比并分析运行结果。

example.txt - 记事本 — □ ×
文件(F) 编辑(E) 格式(O) 查看(V) 帮助(H)
C is a portable language, meaning that programs written in C can be compiled and run on different platforms with minimal modifications. This is possible because C abstracts away hardware-specific details and provides standardized libraries for common operations.

文件 exa9-1a.c

```
1    # include <stdio.h>
2    # define MAX_SIZE 1000
3    int main()
4    {
5        char buffer[MAX_SIZE];
6        FILE * file =fopen("example.txt", "r");
7        if (file ==NULL)
8        {
9            printf("无法打开文件。\n");
10           return 1;
11       }
12       while (fgets(buffer, MAX_SIZE, file) !=NULL)
13           printf("%s", buffer);
14       fclose(file);
15       return 0;
16   }
```

文件 exa9-1b.c

```
1    # include <stdio.h>
2    # define MAX_SIZE 1000
3    int main()
4    {
5        char buffer[MAX_SIZE];
6        FILE * file =fopen("example.txt", "r");
7        if (file ==NULL)
8        {
9            printf("无法打开文件。\n");
10           return 1;
11       }
12       while (fscanf(file, "%s", buffer) !=EOF)
13           printf("%s", buffer);
14       fclose(file);
15       return 0;
16   }
```

| 相同点 | |
|---|---|
| 不同点 | |
| 运行结果 | |

**范例分析**：本范例主要考查 fgets()和 fscanf()函数从文件读取字符串时的异同。

使用 fgets()函数读取文件中的字符串时，首先定义一个字符数组 buffer 用于存储读取的字符串。然后，使用 fgets()函数从文件中**逐行读取**字符串，将每行的字符串存储在 buffer 中，并通过 printf()函数输出。

使用 fscanf()函数读取文件中的字符串时，同样定义一个字符数组 buffer 用于存储读取的字符串。然后,使用 fscanf()函数以"%s"格式从文件中**逐个读取**字符串,并将每个字符串存储在 buffer 中,并通过 printf()函数输出。

**处理结果**:按照以上分析,可进行如下作答。

| 相同点 | 依次读取文件中的内容存放到字符数组之中 |
|---|---|
| 不同点 | fgets()函数适用于读取包含空格和换行符的完整行字符串,适合处理文本文件的读取;fscanf()函数适用于读取以空格、换行符等分隔符分隔的字符串,适合处理包含结构化数据的文件 |
| 运行结果 | exa9-1a.c<br><br>exa9-1b.c<br> |

## 【范例 2】 补充程序

下列代码实现功能为:依次读取文件中的字符,统计各字符出现的频率,将统计结果写入另一个文件,其中每行存储字符及相应的频率,第一行为频率最高的字符,第二行为频率次高的字符,以此类推。请依据题目要求,分析已给出的语句,按要求填写空白。不要改动程序结构。

```
1   #include <stdio.h>
2   #include <stdlib.h>
3   #define MAX_CHAR 256
4
5   typedef struct                          // 声明字符频率结构体
6   {
7       char character;
8       int frequency;
9   } CharFrequency;
10
11  int compare(const void * a, const void * b)    // 比较函数,用于 qsort 排序
12  {
13      CharFrequency * cf1 = (CharFrequency * )a;
14      CharFrequency * cf2 = (CharFrequency * )b;
15      return cf2->frequency - cf1->frequency;    // 按频率降序排序
16  }
17
```

```
18   int main()
19   {
20       char inputFileName[] ="input.txt";
21       char outputFileName[] ="output.txt";
22       FILE * inputFile =_____);                    // 打开输入文件
23       if (inputFile ==NULL)
24       {
25           printf("无法打开输入文件 '%s'\n", inputFileName);
26           return 1;
27       }
28       int charCount[MAX_CHAR] ={0};
29       char c;
30       while ((c =_____)) !=EOF)                     // 统计字符频率
31           charCount[(int)c]++;
32       fclose(inputFile);                                  // 关闭输入文件
33       CharFrequency charFrequency[MAX_CHAR];
34       for (int i =0; i <MAX_CHAR; i++)                     // 将字符频率存入结构体数组
35       {
36           charFrequency[i].character = (char)i;
37           charFrequency[i].frequency =charCount[i];
38       }
39       // 对结构体数组按频率进行排序
40       qsort(charFrequency, MAX_CHAR, sizeof(CharFrequency), compare);
41       FILE * outputFile =_____;                  // 打开输出文件
42       if (outputFile ==NULL)
43       {
44           printf("无法打开输出文件 '%s'\n", outputFileName);
45           return 1;
46       }
47       for (int i =0; i <MAX_CHAR; i++)                     // 写入统计结果到输出文件
48           if (charFrequency[i].frequency >0)
49               fprintf(_____);
50       fclose(outputFile);                                 // 关闭输出文件
51       printf("统计结果已写入文件 '%s'\n", outputFileName);
52       return 0;
53   }
```

**范例分析**：基于程序功能描述，结合代码，分析程序基本思路如下。

（1）打开输入文件，逐个读取输入文件中的每个字符。

（2）统计各个字符出现的次数，将字符及对应的个数存入结构体数组。

（3）按字符个数降序对结构体数组中的元素进行排列。

（4）将排序结果逐行写入输出文件。

基于思路分析，可知第 22 行必须以读取模式打开输入文件，由于输入文件名已经赋值给字符数组 inputFileName，因此可填写 fopen(inputFileName，"r")；。

第 30 行需要从输入文件中读入 1 个字符，赋值给字符变量 c，并在 c 不为 EOF 时，执行循环体语句(第 31 行),因此该空可填 fgetc(inputFile)。

第 41 行需要打开输出文件,以便将统计的字符频率结果输出到该文件,因此可用只写模式打开;又因为输出文件名已经赋值给字符数组 outputFileName,因此可填写 fopen(outputFileName, "w");。

第 49 行需要以格式化方式将字符及出现次数写入输出文件。已知 outputFile 指向了输出文件,结合第 33 行结构体数组定义及第 5～9 行结构体类型声明,可填写 outputFile, "%c %d\n",charFrequency[i].character, charFrequency[i]. frequency。

**处理结果**:根据上述分析,填空依次为 fopen(inputFileName, "r");、fgetc(inputFile)、fopen(outputFileName, "w");、outputFile, "%c %d\n",charFrequency[i]. character, charFrequency[i]. frequency。

**【范例 3】** 调试程序

要求:下列程序的功能是,读取 student.txt 文件中信息,每行包含一名学生的信息,包括学号、姓名和 3 门课程成绩;然后计算每个学生的总成绩,排序后记录每个学生的排名信息;然后写入 students_ranked.txt 文件,每行包括学号、姓名、3 门课成绩、总成绩、排名。分析已给出的语句,要求判断调试运行该程序是否正确,若有错,写出错在何处,并填写正确的运行结果。

```
1    # include <stdio.h>
2    # include <stdlib.h>
3    # include <string.h>
4    # define MAX_STUDENTS 100
5
6    typedef struct
7    {
8        char studentID[10];
9        char name[50];
10       int scores[3];
11       int totalScore;
12       int rank;
13   } Student;
14
15   void readStudentsFromFile(Student students[], int numStudents)
16   {
17       FILE * file;
18       char filename[] ="students.txt";
19       if (file = fopen(filename, "r"))
20       {
21           numStudents =0;
22           while (!feof(file))
23           {
24               fscanf(file, "%s %s %d %d %d", students[numStudents].studentID,
25                   students[numStudents].name, students[numStudents].scores[0],
26                   students[numStudents].scores[1], students[numStudents].scores[2]);
```

```
27              numStudents++;
28          }
29          fclose(file);
30          printf("文件读取成功!\n");
31      }
32      else
33      {
34          printf("文件打开失败!\n");
35          exit(1);
36      }
37  }
38
39  void calculateTotalScores(Student students[], int numStudents)
40  {
41      for (int i =0; i <numStudents; i++)
42      {
43          int total =0;
44          for (int j =0; j <3; j++)
45              total +=students[i].scores[j];
46          students[i].totalScore =total;
47      }
48  }
49
50  void sortStudentsByTotalScore(Student students[], int numStudents)
51  {
52      for (int i =0; i <numStudents -1; i++)
53          for (int j =0; j <numStudents -i -1; j++)
54              if (students[j].totalScore <students[j +1].totalScore)
55              {
56                  Student temp =students[j];
57                  students[j] =students[j +1];
58                  students[j +1] =temp;
59              }
60  }
61
62  void assignRanks(Student students[], int numStudents)
63  {
64      for (int i =0; i <numStudents; i++)
65          students[i].rank =i +1;
66  }
67
68  void writeStudentsToFile(Student students[], int numStudents)
69  {
70      FILE * file;
71      char filename[] ="students_ranked.txt";
```

```
72        if (file = fopen(filename, "w"))
73        {
74            fprintf(file, "学号\t姓名\t成绩1\t成绩2\t成绩3\t总成绩\t排名\n");
75            for (int i = 0; i < numStudents; i++)
76                fprintf(file,"%s\t%s\t%d\t%d\t%d\t%d\t%d\n",students[i].studentID,
77                    students[i].name, students[i].scores[0],students[i].scores[1],
78                    students[i].scores[2],students[i].totalScore, students[i].rank);
79            fclose(file);
80            printf("文件写入成功!\n");
81        }
82        else
83        {
84            printf("文件打开失败!\n");
85            exit(1);
86        }
87    }
88
89    int main()
90    {
91        Student students[MAX_STUDENTS];
92        int numStudents;
93        readStudentsFromFile(students, numStudents);
94        calculateTotalScores(students, numStudents);
95        sortStudentsByTotalScore(students, numStudents);
96        assignRanks(students, numStudents);
97        writeStudentsToFile(students, numStudents);
98        return 0;
99    }
```

| 存在问题 | |
|---|---|
| 修改思路 | |
| 运行结果 | |

**范例分析**：本范例代码实现了从文件中读取学生信息，计算学生的总成绩，按照总成绩对学生进行排序，并为学生分配排名，最后将排名后的学生信息写入另一个文件中的功能。

以下是各个函数的功能说明。

（1）readStudentsFromFile()从文件中读取学生信息并存储在 students 数组中。

（2）calculateTotalScores()计算每个学生的总成绩，将结果存储在 totalScore 字段。

（3）sortStudentsByTotalScore()根据学生的总成绩对学生进行排序（冒泡排序算法）。

（4）assignRanks()为每个学生分配排名，将排名存储在 rank 字段中。

（5）writeStudentsToFile()将排名后的学生信息写入文件中，包括学号、姓名、各门课程成绩、总成绩和排名。

从各函数的功能和实现细节分析，在 readStudentsFromFile()函数中需完成文件信息的读取，记录学生数供其他函数使用。因此，形参 numStudents 应为指针变量，实参需为变量的地址，并在 readStudentsFromFile() 函数中使用 * numStudents 进行取值和赋值。另外，fscanf() 函数中，"%d"格式对应的结构体成员前需加地址符。

**处理结果**：根据分析，可填空如下。

| 存在问题 | （1）readStudentsFromFile() 函数参数 numStudents 在执行过程中虽然增加，但无法传回给对应的实参；<br>（2）第 24～26 行 fscanf() 函数中"%d"格式对应的参数为数值类型而不是地址类型 |
|---|---|
| 修改思路 | （1）第 93 行实参 numStudents 前加地址符，readStudentsFromFile() 函数（15～37 行）中 numStudents 前加指针运算符（*）；<br>（2）第 24～26 行三门课的成绩参数前加指针运算符（&） |
| 运行结果 | 当 students.txt 中的信息如下时：<br>📄 students.txt - 记事本<br>文件(F) 编辑(E) 格式(O) 查看(V) 帮助(H)<br>220401 Tom 100 100 100<br>220402 Lily 95 95 90<br>220403 Kitty 85 95 95<br>220404 Curry 98 96 90<br>220405 Mike 94 95 93<br>220406 John 87 90 85<br>220407 Jack 90 92 99<br>220408 Alice 94 88 80<br>220409 Fisher 99 98 99<br>220410 James 86 99 90<br>第 1 行，第 1 列 100% Windows (CRLF) UTF-8<br><br>运行得到 students_ranked.txt 文件中的信息为：<br>📄 students_ranked.txt - 记事本<br>文件(F) 编辑(E) 格式(O) 查看(V) 帮助(H)<br><br>学号 姓名 成绩1 成绩2 成绩3 总成绩 排名<br>220401 Tom 100 100 100 300 1<br>220409 Fisher 99 98 99 296 2<br>220404 Curry 98 96 90 284 3<br>220405 Mike 94 95 93 282 4<br>220407 Jack 90 92 99 281 5<br>220402 Lily 95 95 90 280 6<br>220403 Kitty 85 95 95 275 7<br>220410 James 86 99 90 275 8<br>220406 John 87 90 85 262 9<br>220408 Alice 94 88 80 262 10<br>第 1 行，第 1 列 100% Windows (CRLF) ANSI |

**【范例 4】** 编写程序

**范例描述**：编程模拟在线测试过程，具体要求是，从试题文件中依次读取试题，让学生依次作答，将学生答案存入作答文件，然后打开标准答案文件，与学生作答文件进行对比，判断每个题的对错，计算并显示最终得分。

**范例分析**：根据题意，本范例需完成：①读取文件中的问题；②作答并保存学生答案；③对比学生答案和标准答案，判定学生成绩。为此可定义以下函数：

（1）readQuesFromFile() 函数，用于将问题文件 Questions.txt 中的各个问题读入二维

视频讲解

字符数组 Ques[][MAX_ANS_LEN]中；

（2）saveStuAnsToFile()函数用于将存于二维数组 StuAns[][MAX_ANS_LEN]中的答案写入学生答案文件 Stu_Answers.txt 中；

（3）compareAns()函数将分别打开学生答案文件 Stu_Answers.txt 和标准答案文件 standard_Answers.txt，然后逐行比例两个文件中的内容，若对应某一行的字符串相等，则总分加 10 分；

（4）main()函数首先调用问题文件读取函数，并将读取到二维字符数组 Ques[][]中的内容逐行显示，提醒用户作答；然后将答案存于另一个二维字符数组 StuAns[][]中，并在回答完成中调用 saveStuAnsToFile()函数；最后调用 compareAns()函数计算学生得分。

**范例代码**：根据上述分析，可编写代码如下。

```c
1   #include <stdio.h>
2   #include <stdlib.h>
3   #include <string.h>
4
5   #define MAX_QUES 10
6   #define MAX_ANS_LEN 100
7   #define QUESTION_SCORE 10
8
9   void readQuesFromFile(char Ques[][MAX_ANS_LEN], int numQues)
10  {
11      FILE * file;
12      char filename[] = "Questions.txt";
13      if ((file = fopen(filename, "r")) != NULL)
14      {
15          for (int i = 0; i < numQues; i++)
16              fgets(Ques[i], MAX_ANS_LEN, file);
17          fclose(file);
18          printf("题目读取成功!\n");
19      }
20      else
21      {
22          printf("题目文件打开失败!\n");
23          exit(1);
24      }
25  }
26
27  void saveStuAnsToFile(char * filename, char StuAns[][MAX_ANS_LEN], int
28                          numQues)
29  {
30      FILE * file;
31      if ((file = fopen(filename, "w")) != NULL)
32      {
33          for (int i = 0; i < numQues; i++)
```

```
34              fprintf(file, "%s", StuAns[i]);
35          fclose(file);
36          printf("学生答案保存成功!\n");
37      }
38      else
39      {
40          printf("学生答案文件打开失败!\n");
41          exit(1);
42      }
43  }
44
45  int compareAns(char * StuAnsFile, char * standardAnsFile, int numQues)
46  {
47      FILE * StuFile, * standardFile;
48      char StuAnswer[MAX_ANS_LEN], standardAnswer[MAX_ANS_LEN];
49      int score =0;
50      if ((StuFile =fopen(StuAnsFile, "r")) !=NULL &&
51              (standardFile =fopen(standardAnsFile, "r")) !=NULL)
52      {
53          for (int i =0; i <numQues; i++)
54          {
55              fgets(StuAnswer, MAX_ANS_LEN, StuFile);
56              fgets(standardAnswer, MAX_ANS_LEN, standardFile);
57              if (strcmp(StuAnswer, standardAnswer) ==0)
58                  score +=QUESTION_SCORE;
59          }
60          fclose(StuFile);
61          fclose(standardFile);
62          printf("对比完成,最终得分: %d/%d\n", score, numQues *
63                      QUESTION_SCORE);
64          return score;
65      }
66      else
67      {
68          printf("答案文件打开失败!\n");
69          exit(1);
70      }
71  }
72
73  int main()
74  {
75      char Ques[MAX_QUES][MAX_ANS_LEN];
76      int numQues =MAX_QUES;
77      readQuesFromFile(Ques, numQues);
78      char StuAnsFile[] ="Stu_Answers.txt";
```

```
79    char standardAnsFile[] ="standard_Answers.txt";
80    char StuAns[MAX_QUES][MAX_ANS_LEN];
81    printf("请学生依次回答以下问题(每行一个答案): \n");
82    for (int i =0; i <numQues; i++)
83    {
84        printf("问题 %d: %s", i +1, Ques[i]);
85        fgets(StuAns[i], MAX_ANS_LEN, stdin);
86    }
87    saveStuAnsToFile(StuAnsFile, StuAns, numQues);
88    int score=compareAns(StuAnsFile, standardAnsFile, numQues);
89    return 0;
90  }
```

运行结果：

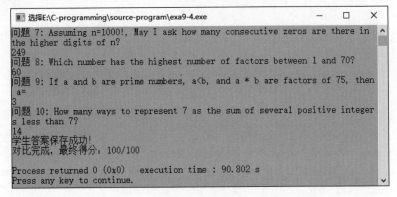

## 9.4  注 意 事 项

（1）需要确保在操作文件时提供正确的文件路径和文件名。如果文件不存在或路径不正确，可能导致文件操作失败。

（2）在进行文件操作之前，应确保正确地打开文件，并在完成操作后及时关闭文件。忘记关闭文件会导致资源泄漏，并可能影响后续文件操作。

（3）对于文件操作中可能出现的错误和异常情况，要进行适当的错误处理。检查文件操作的返回值，如 fopen()、fread()、fwrite()等，以及使用错误处理函数如 perror()和 ferror()来检查和处理文件操作错误。

（4）在使用 fseek()函数进行文件定位操作时，注意指定正确的偏移量和定位方式。

（5）在进行文件读写操作时，要确保分配足够的缓冲区来存储读取或写入的数据，还应避免缓冲区溢出或内存泄漏等问题。

（6）数据持久性：文件操作会对文件内容进行修改，在进行文件写入操作之前，要确保了解修改文件可能带来的影响，并备份重要的文件数据，以免数据丢失。

# 9.5 实践任务

## 9.5.1 阅读分析程序

任务 1. 编辑程序,分析程序功能和运行结果,然后运行程序,验证分析结果是否正确,完成填空。

```
1    #include<stdio.h>
2    int main()
3    {
4        FILE * fp;
5        int a[10]={123,45,6},i,n=0;
6        fp=fopen("d1.dat","w");
7        for(i=0; i<3; i++)
8            fprintf(fp,"%2d",a[i]);
9        fprintf(fp,"\n");
10       fclose(fp);
11       fp=fopen("d1.dat","r");
12       fscanf(fp,"%d",&n);
13       fclose(fp);
14       printf("%d\n",n);
15       return 0;
16   }
```

| 分析结果 | |
|---|---|
| 运行结果 | |

任务 2. 编辑程序,分析程序功能和运行结果,然后运行程序,验证分析结果是否正确,完成填空。

```
1    #include<stdio.h>
2    int main()
3    {
4        FILE * fp;
5        char * s1="Hello", * s2="Good Morning!";
6        fp=fopen("abc.dat","w+");
7        fwrite(s2,13,1,fp);
8        rewind(fp);
9        fwrite(s1,5,1,fp);
10       fclose(fp);
11       return 0;
12   }
```

| 分析结果 | |
|---|---|
| 运行结果 | |

### 9.5.2 补充程序

要求：依据题目要求，分析已给出的语句，按要求填写空白。不要改动程序结构。

任务 1. 下列程序的功能为：在 main() 函数中随机生成字符序列并将其保存到文件 myfile1，函数 fun() 实现将 source 指向的文件中的字符依次复制并保存到 target 指向的文件。请将程序补充完整。

```
1    #include <stdio.h>
2    #include <stdlib.h>
3    int fun(char * source, char * target)
4    {
5        FILE * fs, * ft;
6        char ch;
7        if((fs=_____)==NULL)
8            return 0;
9        if((ft=_____)==NULL)
10           return 0;
11       printf("\nThe data in file :\n");
12       ch=_____;               //从文件中获取一个数据
13       while(!_____)           //判断文件是否到达末尾,这里填文件指针
14       {
15           putchar( ch );            //输出字符
16           _____;              //往文件里输出
17           ch=_____;           //再次获取
18       }
19       fclose(fs);
20       fclose(ft);
21       printf("\n\n");
22       return 1;
23   }
24   int main()
25   {
26       char sfname[20]="myfile1",tfname[20]="myfile2";
27       FILE * myf;
28       int i;
29       char c;
30       myf=fopen(sfname,"w");
31       printf("\nThe original data :\n");
32       for(i=1; i<30; i++)
33       {
34           c='A'+rand()%25;
35           fprintf(_____);
36           printf("%c",c);
37       }
38       fclose(myf);
```

```
39      printf("\n\n");
40      if (fun(sfname, tfname)) printf("Succeed!");
41      else printf("Fail!");
42      return 0;
43  }
```

任务 2.下列程序的功能为：把从文件 oriData.txt 读入的 10 个十进制整数（每行一个整数）转换成二进制数后，以二进制方式写到一个名为 bi.dat 的新文件中。请将程序补充完整。

```
1   #include <stdio.h>
2   void decToBinary(int number, int * binaryArray, int size)
3   {
4       for (int i =size -1; i >=0; i--)
5       {
6           binaryArray[i] =number %2;
7           _____;
8       }
9   }
10
11  int main()
12  {
13      FILE * inputFile, * outputFile;
14      int decimalNumber;
15      int binaryArray[32];          // 假设每个整数最多为 32 位二进制表示
16      // 打开原始数据文件
17      inputFile =fopen("oriData.txt", "r");
18      if (inputFile ==NULL)
19      {
20          printf("无法打开文件 oriData.txt\n");
21          return 1;
22      }
23      // 创建二进制文件
24      outputFile =fopen("bi.dat", "wb");
25      if (outputFile ==NULL)
26      {
27          printf("无法创建文件 bi.dat\n");
28          return 1;
29      }
30      // 逐行读取十进制整数,并转换为二进制后写入文件
31      for (int i =0; i <10; i++)
32      {
33          if (fscanf(_____) !=1)
34          {
35              printf("读取 oriData.txt 失败\n");
36              return 1;
```

```
37              }
38              // 将整数转换为二进制数组
39              decToBinary(decimalNumber, binaryArray, 32);
40              // 写入二进制数组到文件
41              fwrite(_____);
42          }
43          // 关闭文件
44          fclose(inputFile);
45          fclose(outputFile);
46          printf("转换完成\n");
47          return 0;
48      }
```

**注**：十进制数在计算机中以二进制方式存储，而二进制写文件方式是将内存中存储的数据原封不动地复制到指定的外存文件中，因此上面的代码可不调用十进制向二进制转换函数。

### 9.5.3　调试程序

要求：下列代码实现的功能是，将结构体数组的内容写入 stu_list 文件，然后再读入程序并显示内容。判断调试运行下列程序是否正确，若有错，指出存在的问题，提出修改思路，编写正确代码，执行后填写正确的运行结果。

```
1    #include <stdio.h>
2    #include<stdlib.h>
3    struct student
4    {
5        int num;
6        char name[10];
7        int age;
8    } stu[3]={{001,"Li Mei",18},{002,"Ji Hua",19},{ 003,"Sun Hao",18}};
9
10   int main()
11   {
12       struct student p;
13       FILE fp;
14       int i;
15       if((fp=fopen("stu_list","wb"))==NULL)
16       {
17           printf("cannot open file\n");
18           return;
19       }
20       for(p=stu; p<stu+3; p++)
21           fwrite(p,sizeof(struct student),fp);
22       fclose(fp);
23       fp=fopen("stu_list","rb");
```

```
24        printf(" No. Name age\n");
25        for(i=1; i<=3; i++)
26        {
27            fread(p,sizeof(struct student), fp);
28            printf("%4d %-10s %4d\n",p->num,p->name,p->age);
29        }
30        fclose(fp);
31        return 0;
32   }
```

| 正确 | 运行结果： | |
|------|------------|---|
| 错误 | 错误所在行： | |
|      | 应改为： | |

### 9.5.4 编写程序

下列编程中均需有读/写文件操作。

任务 1. 有两个文件 file1.txt 和 file2.txt，分别存放两个仓库中的商品信息。每个文件均包含若干行，每行包括商品名（只有一个单词）和商品数量两个信息，商品名和商品数量之间用空格隔开；两个文件均按商品名的字母序顺序排列。现两个仓库信息需要合并，相同商品保留一份名称，数量相加，并将合并后的信息写入 file3.txt。

任务 2. 编程模拟某小公司登记本公司职员工资的操作：首先从职工信息表 employeeInfo.txt 中读取员工 ID、姓名和岗位津贴，然后输入各职工当月的绩效津贴，计算职工的总收入，并将用户姓名、岗位津贴、绩效津贴和月收入写入 salary.txt 文件。

# 附录 A  ASCII 码表

| ASCII 值 | 控制字符 | ASCII 值 | 控制字符 | ASCII 值 | 控制字符 | ASCII 值 | 控制字符 |
|---|---|---|---|---|---|---|---|
| 0 | NUT | 32 | （space） | 64 | @ | 96 | 、 |
| 1 | SOH | 33 | ! | 65 | A | 97 | a |
| 2 | STX | 34 | " | 66 | B | 98 | b |
| 3 | ETX | 35 | # | 67 | C | 99 | c |
| 4 | EOT | 36 | $ | 68 | D | 100 | d |
| 5 | ENQ | 37 | % | 69 | E | 101 | e |
| 6 | ACK | 38 | & | 70 | F | 102 | f |
| 7 | BEL | 39 | , | 71 | G | 103 | g |
| 8 | BS | 40 | （ | 72 | H | 104 | h |
| 9 | HT | 41 | ） | 73 | I | 105 | i |
| 10 | LF | 42 | * | 74 | J | 106 | j |
| 11 | VT | 43 | + | 75 | K | 107 | k |
| 12 | FF | 44 | , | 76 | L | 108 | l |
| 13 | CR | 45 | — | 77 | M | 109 | m |
| 14 | SO | 46 | . | 78 | N | 110 | n |
| 15 | SI | 47 | / | 79 | O | 111 | o |
| 16 | DLE | 48 | 0 | 80 | P | 112 | p |
| 17 | DCI | 49 | 1 | 81 | Q | 113 | q |
| 18 | DC2 | 50 | 2 | 82 | R | 114 | r |
| 19 | DC3 | 51 | 3 | 83 | X | 115 | s |
| 20 | DC4 | 52 | 4 | 84 | T | 116 | t |
| 21 | NAK | 53 | 5 | 85 | U | 117 | u |
| 22 | SYN | 54 | 6 | 86 | V | 118 | v |
| 23 | TB | 55 | 7 | 87 | W | 119 | w |
| 24 | CAN | 56 | 8 | 88 | X | 120 | x |
| 25 | EM | 57 | 9 | 89 | Y | 121 | y |
| 26 | SUB | 58 | : | 90 | Z | 122 | z |
| 27 | ESC | 59 | ; | 91 | 〔 | 123 | { |
| 28 | FS | 60 | < | 92 | / | 124 | \| |
| 29 | GS | 61 | = | 93 | 〕 | 125 | } |
| 30 | RS | 62 | > | 94 | ^ | 126 | ~ |
| 31 | US | 63 | ? | 95 | — | 127 | DEL |

0～31 号及 127 号字符含义如下：

| | | |
|---|---|---|
| NUL 空 | VT 垂直制表 | SYN 空转同步 |
| SOH 标题开始 | FF 走纸控制 | ETB 信息组传送结束 |
| STX 正文开始 | CR 回车 | CAN 作废 |
| ETX 正文结束 | SO 移位输出 | EM 纸尽 |
| EOY 传输结束 | SI 移位输入 | SUB 换置 |
| ENQ 询问字符 | DLE 空格 | ESC 换码 |
| ACK 承认 | DC1 设备控制 1 | FS 文字分隔符 |
| BEL 报警 | DC2 设备控制 2 | GS 组分隔符 |
| BS 退一格 | DC3 设备控制 3 | RS 记录分隔符 |
| HT 横向列表 | DC4 设备控制 4 | US 单元分隔符 |
| LF 换行 | NAK 否定 | DEL 删除 |

# 附录 B  关键字及其解释

### C89 标准中 32 个关键字

| 关键字 | 解 释 | 关键字 | 解 释 |
|---|---|---|---|
| auto | 声明自动变量，一般不使用 | double | 声明双精度变量或函数 |
| int | 声明整型变量或函数 | struct | 声明结构体变量或函数 |
| break | 跳出当前循环 | else | 条件语句否定分支（与 if 连用） |
| long | 声明长整型变量或函数 | switch | 用于开关语句 |
| case | 开关语句分支 | enum | 声明枚举类型 |
| register | 声明积存器变量 | typedef | 用以给数据类型取别名（当然还有其他作用） |
| char | 声明字符型变量或函数 | extern | 声明变量是在其他文件中声明 |
| return | 函数返回语句 | union | 声明联合数据类型 |
| const | 声明只读变量 | float | 声明浮点型变量或函数 |
| short | 声明短整型变量或函数 | unsigned | 声明无符号类型变量或函数 |
| continue | 结束当前循环，开始下一轮循环 | for | 一种循环语句（可意会不可言传） |
| signed | 声明有符号类型变量或函数 | void | 声明函数无返回值或无参数，声明无类型指针 |
| default | 开关语句中的"其他"分支 | goto | 无条件跳转语句 |
| sizeof | 计算数据类型长度 | volatile | 说明变量在程序执行中可被隐含地改变 |
| do | 循环语句的循环体 | while | 循环语句的循环条件 |
| static | 声明静态变量 | if | 条件语句 |

### C99 标准新增 5 个关键字

| 关键字 | 解释 | 关键字 | 解释 |
|---|---|---|---|
| inline | 定义一个类的内联函数，引入它的主要原因是用它替代 C 中表达式形式的宏定义 | restrict | 用于限定指针：告知编译器，所有修改该指针所指向内容的操作全部都是基于(base on)该指针的，即不存在其他进行修改操作的途径 |
| _Bool | 声明布尔型变量或函数 | _Complex | 声明复数型变量或函数 |
| _Imaginary | 声明虚数型变量或函数 | | |

# 附录 C 运算符及其结合性

| 优先级 | 运算符 | 名称或含义 | 使用形式 | 结合方向 | 说　明 |
|---|---|---|---|---|---|
| 1 | [ ] | 数组下标 | 数组名[常量表达式] | 从左到右 | |
| | ( ) | 圆括号 | (表达式)/函数名(形参表) | | |
| | . | 成员选择(对象) | 对象.成员名 | | |
| | —> | 成员选择(指针) | 对象指针—>成员名 | | |
| 2 | — | 负号运算符 | —表达式 | 从右到左 | 单目运算符 |
| | (类型) | 强制类型转换 | (数据类型)表达式 | | 单目运算符 |
| | ++ | 自增运算符 | ++变量名/变量名++ | | 单目运算符 |
| | —— | 自减运算符 | ——变量名/变量名—— | | 单目运算符 |
| | * | 取值运算符 | *指针变量 | | 单目运算符 |
| | & | 取地址运算符 | & 变量名 | | 单目运算符 |
| | ! | 逻辑非运算符 | ! 表达式 | | 单目运算符 |
| | ~ | 按位取反运算符 | ~表达式 | | 单目运算符 |
| | sizeof | 长度运算符 | sizeof(表达式) | | 单目运算符 |
| 3 | / | 除 | 表达式/表达式 | 从左到右 | 双目运算符 |
| | * | 乘 | 表达式 * 表达式 | | 双目运算符 |
| | % | 余数(取模) | 整型表达式/整型表达式 | | 双目运算符 |
| 4 | + | 加 | 表达式+表达式 | 从左到右 | 双目运算符 |
| | — | 减 | 表达式—表达式 | | 双目运算符 |
| 5 | << | 左移 | 变量<<表达式 | 从左到右 | 双目运算符 |
| | >> | 右移 | 变量>>表达式 | | 双目运算符 |
| 6 | > | 大于 | 表达式>表达式 | 从左到右 | 双目运算符 |
| | >= | 大于或等于 | 表达式>=表达式 | | |
| | < | 小于 | 表达式<表达式 | | |
| | <= | 小于或等于 | 表达式<=表达式 | | |
| 7 | == | 等于 | 表达式==表达式 | 从左到右 | 双目运算符 |
| | ! = | 不等于 | 表达式! = 表达式 | | 双目运算符 |
| 8 | & | 按位与 | 表达式 & 表达式 | 从左到右 | 双目运算符 |
| 9 | ^ | 按位异或 | 表达式^表达式 | 从左到右 | 双目运算符 |

| 优先级 | 运算符 | 名称或含义 | 使 用 形 式 | 结合方向 | 说　明 |
|---|---|---|---|---|---|
| 10 | \| | 按位或 | 表达式\|表达式 | 从左到右 | 双目运算符 |
| 11 | && | 逻辑与 | 表达式 && 表达式 | 从左到右 | 双目运算符 |
| 12 | \|\| | 逻辑或 | 表达式\|\|表达式 | 从左到右 | 双目运算符 |
| 13 | ?: | 条件运算符 | 表达式1? 表达式2：表达式3 | 从右到左 | 三目运算符 |
| 14 | = | 赋值运算符 | 变量＝表达式 | 从右到左 | 双目运算符 |
| | /= | 除后赋值 | 变量/＝表达式 | | |
| | *= | 乘后赋值 | 变量＊＝表达式 | | |
| | %= | 取模后赋值 | 变量％＝表达式 | | |
| | += | 加后赋值 | 变量＋＝表达式 | | |
| | -= | 减后赋值 | 变量－＝表达式 | | |
| | <<= | 左移后赋值 | 变量<<＝表达式 | | |
| | >>= | 右移后赋值 | 变量>>＝表达式 | | |
| | &= | 按位与后赋值 | 变量 &＝表达式 | | |
| | ^= | 按位异或后赋值 | 变量^＝表达式 | | |
| | \|= | 按位或后赋值 | 变量\|＝表达式 | | |
| 15 | , | 逗号运算符 | 表达式,表达式,… | 从左到右 | |

# 附录 D C库函数(部分)

### D1. 数学函数(见表 D-1)

使用数学函数时,应该在源文件中使用预编译命令:

`#include <math.h>;`或`#include "math.h";`

表 D-1 数学函数

| 函数名 | 函数原型 | 功能 | 返回值 |
|---|---|---|---|
| abs | int abs(int num); | 计算整数 num 的绝对值 | 返回计算结果 |
| cos | double cos(double x); | 计算 cos x 的值,其中 x 的单位为弧度 | 计算结果 |
| exp | double exp(double x); | 求 $e^x$ 的值 | 计算结果 |
| fabs | double fabs(double x); | 求 x 的绝对值 | 计算结果 |
| log | double log(double x); | 求 lnx 的值 | 计算结果 |
| log10 | double log10(double x); | 求 $\log_{10} x$ 的值 | 计算结果 |
| pow | double pow(double x, double y); | 求 $x^y$ 的值 | 计算结果 |
| sin | double sin(double x); | 求 sin x 的值,其中 x 的单位为弧度 | 计算结果 |
| sqrt | double sqrt (double x); | 计算 $\sqrt{x}$,其中 x≥0 | 计算结果 |
| tan | double tan(double x); | 计算 tan x 的值,其中 x 的单位为弧度 | 计算结果 |

### D2. 字符函数(见表 D-2)

在使用字符函数时,应该在源文件中使用预编译命令:

`#include <ctype.h>;`或`#include "ctype.h";`

表 D-2 字符函数

| 函数名 | 函数原型 | 功能 | 返回值 |
|---|---|---|---|
| isalnum | int isalnum(int ch); | 检查 ch 是否字母或数字 | 是字母或数字返回 1,否则返回 0 |
| iscntrl | int iscntrl(int ch); | 检查 ch 是否控制字符(其 ASCII 码在 0 和 0xlF 之间) | 是控制字符返回 1,否则返回 0 |
| isxdigit | int isxdigit(int ch); | 检查 ch 是否为 16 进制数字(即 0～9,或 A 到 F,a～f) | 是,返回 1,否则返回 0 |
| tolower | int tolower(int ch); | 将 ch 字符转换为小写字母 | 返回 ch 对应的小写字母 |
| toupper | int toupper(int ch); | 将 ch 字符转换为大写字母 | 返回 ch 对应的大写字母 |

### D3. 字符串函数(见表 D-3)

使用字符串中函数时,应该在源文件中使用预编译命令:

#include <string.h>;或#include "string.h";

表 D-3　字符串函数

| 函 数 名 | 函 数 原 型 | 功　　能 | 返 回 值 |
|---|---|---|---|
| strcat | char * strcat(char * str1, char * str2); | 把字符 str2 接到 str1 后面 | 返回 str1 |
| strchr | char * strchr(char * str,int ch); | 找出 str 所指字符串中第一次出现字符 ch 的位置 | 返回指向该位置的指针,找不到则返回 NULL |
| strcmp | int * strcmp(char * str1, char * str2); | 比较字符串 str1 和 str2 | 若 str1<str2,为负数<br>若 str1=str2,返回 0<br>若 str1>str2,为正数 |
| strcpy | char * strcpy(char * str1, char * str2); | 把 str2 指向的字符串复制到 str1 中去 | 返回 str1 |
| strlen | unsigned intstrlen(char * str); | 统计字符串 str 中字符的个数(不包括终止符"\0") | 返回字符个数 |

## D4. 输入输出函数(见表 D-4)

在使用输入输出函数时,应该在源文件中使用预编译命令:

#include <stdio.h>;或#include "stdio.h";

表 D-4　输入输出函数

| 函 数 名 | 函 数 原 型 | 功　　能 | 返 回 值 |
|---|---|---|---|
| clearerr | void clearer(FILE * fp); | 清除文件指针错误指示器 | 无 |
| fclose | int fclose(FILE * fp); | 关闭 fp 所指的文件,释放文件缓冲区 | 关闭成功返回 0,不成功返回非 0 |
| feof | int feof(FILE * fp); | 检查文件是否结束 | 文件结束返回非 0,否则返回 0 |
| ferror | int ferror(FILE * fp); | 测试 fp 所指的文件是否有错误 | 无错返回 0,否则返回非 0 |
| fgets | char * fgets(char * buf, int n, FILE * fp); | 从 fp 所指的文件读取长度为(n-1)的字符串,存入 buf 所指空间 | 返回地址 buf,若遇文件结束或出错则返回 EOF |
| fgetc | int fgetc(FILE * fp); | 从 fp 所指的文件中取得下一个字符 | 返回所得到的字符,出错返回 EOF |
| fopen | FILE * fopen ( char * filename, char * mode); | 以 mode 指定方式打开名为 filename 的文件 | 成功,则返回一个文件指针,否则返回 0 |
| fprintf | int fprintf(FILE * fp, char * format,args,…); | 把 args 的值以 format 指定的格式输出到 fp 所指的文件中 | 实际输出的字符数 |
| fputc | int fputc(char ch, FILE * fp); | 将字符 ch 输出到 fp 所指的文件中 | 成功则返回该字符,出错返回 EOF |

| 函 数 名 | 函 数 原 型 | 功 能 | 返 回 值 |
|---|---|---|---|
| fputs | int fputs（char str，FILE * fp）； | 将 str 指定的字符串输出到 fp 所指的文件中 | 成功则返回 0，出错返回 EOF |
| fread | int fread（char * pt，unsigned size，unsigned n，FILE * fp）； | 从 fp 所指定文件中读取长度为 size 的 n 个数据项，存到 pt 所指向空间 | 返回所读的数据项个数，若文件结束或出错返回 0 |
| fscanf | int fscanf（FILE * fp，char * format，args，...）； | 从 fp 指定的文件中按给定的 format 格式将读入的数据送到 args 所指向的内存变量中 | 以输入的数据个数 |
| fseek | int fseek（FILE * fp，long offset，int base）； | 将 fp 指定的文件的位置指针移到 base 所指出的位置为基准、以 offset 为位移量的位置 | 返回当前位置，否则返回—1 |
| ftell | long ftell（FILE * fp）； | 返回 fp 所指定的文件中的读写位置 | 返回文件中的读写位置，否则返回 0 |
| fwrite | int fwrite（char * ptr，unsigned size，unsigned n，FILE * fp）； | 把 ptr 所指向的 n×size 个字节输出到 fp 所指向的文件中 | 写到 fp 文件中的数据项的个数 |
| getc | int getc（FILE * fp）； | 从 fp 所指向的文件中的读出下一个字符 | 返回读出的字符，若文件出错或结束返回 EOF |
| getchar | int getchar()； | 从标准输入设备中读取下一个字符 | 返回字符，若文件出错或结束返回—1 |
| gets | char * gets（char * str）； | 从标准输入设备中读取字符串存入 str 指向的数组 | 成功返回 str，否则返回 NULL |
| printf | int printf（char * format，args，...）； | 在 format 指定的字符串的控制下，将输出列表 args 的指输出到标准设备 | 输出字符的个数，若出错返回负数 |
| putchar | int putchar（char ch）； | 把字符 ch 输出到 fp 标准输出设备 | 返回换行符，若失败返回 EOF |
| puts | int puts（char * str）； | 把 str 指向的字符串输出到标准输出设备，将"\0"转换为回车行 | 返回换行符，若失败返回 EOF |
| rewind | void rewind（FILE * fp）； | 将 fp 指定的文件指针置于文件头，并清除文件结束标志和错误标志 | 无 |
| scanf | int scanf（char * format，args，...）； | 从标准输入设备（通常是键盘）按照 format 指示的格式字符串规定的格式，读取数据，并将读取的数据存储到 args 所指示的内存单元中 | 读入并赋给 args 数据个数，如文件结束返回 EOF，若出错返回 0 |

## D5. 动态存储分配函数（见表 D-5）

在使用动态存储分配函数时，应该在源文件中使用预编译命令：

```
#include <stdlib.h>;或#include "stdlib.h";
```

表 D-5　动态存储分配函数

| 函 数 名 | 函 数 原 型 | 功　能 | 返 回 值 |
|---|---|---|---|
| callloc | void * calloc(unsigned n, unsigned size); | 分配 n 个数据项的内存连续空间，每个数据项的大小为 size | 分配内存单元的起始地址，如不成功返回 0 |
| free | void free(void * p); | 释放 p 所指内存区 | 无 |
| malloc | void * malloc(unsigned size); | 分配 size 字节的内存区 | 所分配的内存区地址，如内存不够，返回 0 |
| realloc | void * realloc(void * p, unsigned size); | 将 p 所指的以分配的内存区的大小改为 size，size 可以比原来分配的空间大或小 | 返回指向该内存区的指针，若重新分配失败，返回 NULL |

## D6. 其他函数（见表 D-6）

此外还有退出程序和随机数相关的函数，在源文件中使用预编译命令：

```
#include <stdlib.h>;或#include "stdlib.h";
```

表 D-6　其他函数

| 函 数 名 | 函 数 原 型 | 功　能 | 返 回 值 |
|---|---|---|---|
| exit | void exit(int status); | 中止程序运行。将 status 的值返回调用的过程 | 无 |
| rand | int rand(); | 产生 0 到 RAND_MAX 之间的伪随机数，RAND_MAX 在头文件中定义 | 返回一个伪随机（整）数 |
| random | int random(int num); | 产生 0 到 num 之间的伪随机数 | 返回一个伪随机（整）数 |
| randomize | void randomize(); | 初始化随机函数，使用时包括头文件 time.h | |

# 参 考 文 献

[1] 王敬华,林萍,杨进才,等. C 语言程序设计习题解答与实验指导[M]. 3 版. 北京：清华大学出版社,2021.

[2] 蓝集明,吴亚东. 循序渐进 C 语言实验[M]. 北京：高等教育出版社,2024.

[3] 高克宁,李金双,焦明海,等. 程序设计基础(C 语言)实验指导与测试[M]. 3 版. 北京：清华大学出版社,2018.

[4] 刘华鋆,时贵英,刘金,等. C 程序设计实验指导与习题集[M]. 3 版. 北京：清华大学出版社,2021.

[5] 谭浩强. C 程序设计学习辅导[M]. 5 版. 北京：清华大学出版社,2017.

[6] Prata S. C Primer Plus[M]. 姜佑,译. 6 版. 北京：人民邮电出版社,2019.

[7] King K N. C 语言程序设计:现代方法[M]. 吕秀锋,黄倩,译. 2 版,修订版. 北京：人民邮电出版社,2021.

# 图书资源支持

感谢您一直以来对清华版图书的支持和爱护。为了配合本书的使用，本书提供配套的资源，有需求的读者请扫描下方的"书圈"微信公众号二维码，在图书专区下载，也可以拨打电话或发送电子邮件咨询。

如果您在使用本书的过程中遇到了什么问题，或者有相关图书出版计划，也请您发邮件告诉我们，以便我们更好地为您服务。

**我们的联系方式：**

清华大学出版社计算机与信息分社网站：https://www.shuimushuhui.com/

地　　址：北京市海淀区双清路学研大厦 A 座 714

邮　　编：100084

电　　话：010-83470236　010-83470237

客服邮箱：2301891038@qq.com

QQ：2301891038（请写明您的单位和姓名）

资源下载：关注公众号"书圈"下载配套资源。

资源下载、样书申请

书 圈

图书案例

清华计算机学堂

观看课程直播